测绘地理信息科技出版资金资助

建筑物点云自动语义分割及三维空间模型构建

Automatic Semantic Segmentation of Building Point Cloud and Construction of Three-Dimensional Spatial Model

赵江洪　张瑞菊　张晓光 著

测绘出版社

·北京·

内容简介

本书针对建筑物三维激光雷达点云数据的自动语义分割和三维模型构建这一前沿学术与应用热点问题,系统阐述了基于地面激光雷达的多源海量空间数据处理方法及其古建筑与室内建筑的应用。主要内容包括激光雷达三维空间数据的获取手段、海量精细点云模型数据处理的关键算法、点云模型的自动语义分割算法、基于深度学习的点云模型语义分割、建筑物三维模型构建等。本书利用工程实例,阐述了激光雷达相关数据处理的各类方法、语义分割关键算法,为构建古建筑以及建筑信息模型、室内导航、可视化、设施管理、古建筑文物保护与修复等深度应用提供理论和方法支持。

本书可作为土木工程、测绘工程、城市规划与管理、地理信息工程、建筑设计等学科领域的研究人员及相关专业教师、研究生的参考书。

图书在版编目(CIP)数据

建筑物点云自动语义分割及三维空间模型构建/赵江洪,张瑞菊,张晓光著. —北京:测绘出版社,2019.7

ISBN 978-7-5030-4251-5

Ⅰ. ①建… Ⅱ. ①赵… ②张… ③张… Ⅲ. ①地面雷达—激光雷达—应用—三维—模型(建筑)—研究 Ⅳ. ①TU205-39

中国版本图书馆 CIP 数据核字(2019)第 144286 号

责任编辑 王佳嘉
执行编辑 刘 策 **封面设计** 李 伟 **责任校对** 孙立新 **责任印制** 吴 芸

出版发行	测绘出版社	**电　　话**	010—83543965(发行部)
地　　址	北京市西城区三里河路 50 号		010—68531609(门市部)
邮政编码	100045		010—68531363(编辑部)
电子信箱	smp@sinomaps.com	**网　　址**	www.chinasmp.com
印　　刷	北京华联印刷有限公司	**经　　销**	新华书店
成品规格	169mm×239mm		
印　　张	10	**字　　数**	188 千字
版　　次	2019 年 7 月第 1 版	**印　　次**	2019 年 7 月第 1 次印刷
印　　数	0001—1000	**定　　价**	65.00 元

书　　号 ISBN 978-7-5030-4251-5

本书如有印装质量问题,请与我社门市部联系调换。

前 言

随着测量技术的发展，空间数据的获取方式不断增加。三维彩色扫描技术随着其测量精度、扫描速度、空间解析度等方面的进步和价格的降低，在很多领域得到越来越广泛的应用。特别是近些年来，其广泛应用于文物保护、城市建筑测量、地形测绘、采矿业、变形监测、管道设计、飞机船舶制造、公路铁路建设、隧道工程、桥梁改建等。激光雷达测量技术采用非接触主动测量的方式，直接获取实体表面的高精度三维点云数据，具有速度快、实时性强、精度高、全数字特征等特点，成为空间三维数据采集的主要手段之一，也是目前众多学者的研究热点。但由于点云有数据量大、离散性、边缘信息精度差、含有噪声等特点，目前基于激光雷达点云数据的三维模型建立还没有很好的全自动化方法。数据处理过程，尤其是点云数据分割在很大程度上依赖于人工，耗时巨大。因此，激光雷达点云数据的分割及三维模型重建面临特殊挑战。面对室内、室外三维模型的无缝对接需求，以及大量室内三维模型在各领域的广泛需求，亟待研究基于激光雷达点云数据的自动分割及三维模型构建的方法。

本书旨在阐述三维激光点云数据的自动语义分割及三维模型构建的方法。首先，介绍了激光雷达三维空间信息获取的多种方法，以及生成激光雷达点云模型的关键算法等内容；然后，重点介绍了基于微分几何信息和基于深度学习对点云数据进行自动语义分割的方法，以及三维模型构建方法；最后，提出了对算法进行并行优化的方法，并介绍了系统设计与开发的工程实例。

在结构上，全书共分 9 章，可划分为相对独立又相互呼应的三大板块。第一板块：第 1 章至第 3 章，介绍激光雷达点云数据获取与处理的研究现状，以及点云模型的生成。第二板块：第 4 章至第 5 章，详细阐述基于微分几何信息和基于深度学习，对点云数据进行自动语义分割的方法，以及在古建筑与室内建筑物中的应用。第三板块：第 6 章至第 9 章，介绍对于算法的并行优化方法以及原型系统开发实践案例。其中，第 1、4、5、7、8、9 章由赵江洪撰写，第 2、3 章由赵江洪和张瑞菊撰写，第 6 章由赵江洪和张晓光撰写，全书由赵江洪统稿。

本书要感谢黄明、郭明、王国利、张学东、马思宇、孙铭悦等同志对本书出版的支持。本书的研究成果得到以下项目资助：国家自然科学基金（41601409、41501459）、北京市自然基金（8172016）、建筑遗产精细重构与健康监测北京市重点实验室、北京市属高校高水平教师队伍建设支持计划长城学者培养计划项目（CIT&TCD 20180322）、城市空间信息工程重点实验室开放研究基金项目（2018210）、北京建筑大学科学研究基金项目（00331616056）。本书的出版还得到了北京建筑大学学术著作出版基金和测绘地理信息科技出版资金的大力支持。测绘出版社为本书的编辑付出了大量精力，在此一并表示衷心的感谢。

本书阐述的各类方法与关键算法，为地面激光雷达相关数据的处理和三维模型应用提供了有效支撑，提出了一些初步思路，希望能抛砖引玉，引起各位专家学者的注意并进行更加深入的研究。由于学识和时间的限制，书中有不妥之处甚至错误，衷心希望得到各位专家、读者的批评指正！

目　录

CONTENTS

第1章 绪 论

三维彩色扫描技术具有快速性、不接触性、穿透性、实时性、动态性、主动性、高密度、高精度、数字化、自动化等特性。随着其测量精度、扫描速度、空间解析度等方面的进步和价格的降低，该技术在古建筑保护方面得到越来越广泛的应用。三维彩色扫描技术采用非接触式测量手段，可以在不损伤物体的情况下，深入复杂的环境和现场进行扫描操作，并直接将各种大型的、复杂的、不规则实体的三维数据完整地采集到计算机中，从而快速重构出扫描物体的三维模型。同时，它所采集的三维激光点云数据不仅包含目标的空间信息，而且记录目标的反射强度信息和色彩灰度信息。

利用三维激光扫描仪可以快速地获取建筑物的三维点云模型，点云数据中的每个点都包含显性的三维坐标。基于点云数据，可以实现简单的建筑物三维浏览和漫游。然而，一方面，单纯的点云数据结构数据量庞大，难以适用于古建筑物的高效浏览和漫游；另一方面，由于无法提供语义（semantic）级别的信息，从而无法进行更高层次的分析研究。因此，需要在此基础上进一步对点云数据进行处理，从而提取和重建物体的三维结构，以实现显示、分析、量测、仿真、模拟、监测、存储、检索等功能。

目前对点云数据的处理很大程度上需要人机交互，自动化程度较低。尤其是自动准确地分割点云，得到几何特征，提取基准面是点云处理中的重要问题，也是瓶颈问题。而只有解决了这一瓶颈问题，才能顺利进行后续模型的存储管理、特征提取、三维模型重建、三维模型检索、几何压缩传输、纹理贴图、动画与几何变形、模型简化等工作（孙晓鹏 等，2005）。分割是计算机图形学领域一个新兴的研究方向，是图论、算法设计理论、微分几何、数字几何处理、欧氏和非欧氏空间中信号处理等学科交叉的研究领域，极具复杂性和挑战性。目前，有很多研究机构从事这方面的研究工作，其中包括清华大学、北京大学、浙江大学、武汉大学、北京建筑大学，以及哈佛大学、以色列科技大学和微软亚洲研究院等。虽然目前在这方面的论著逐渐增多，但当前研究远没有达到期望值。尤其是针对古建筑空间尺度大以及数据复杂等特点的分割和特征提取方法研究较少。因此，对点云数据自动处理的研究，尤其是自动分割的研究具有十分重要的意义。

1.1 国内外研究现状

1.1.1 点云数据处理

地面激光扫描仪由于其高效的数据采集率、相对较高的准确性和高密度的空间数据，在文化遗产领域中得到越来越多的应用。然而，地面激光扫描仪获取的点云数据存在以下问题：

第一，数据量大。点云数据一般超过一百万个点。这样的数据量导致计算机辅助设计(computer aided design，CAD)软件在显示和处理上存在问题。

第二，存在噪声点。错误的起源是多元的，有仪器系统误差造成的，也有激光光斑在边缘部分反射缺失造成的。采集到的大量点云数据需要进一步过滤不相关的数据，例如移动的物体、人或鸟等。

第三，在激光扫描点云数据中缺乏语义信息，使得解译对象变得困难。

第四，数据不全。由于遮挡等原因，采集数据存在空洞和缺失。

因此在形成最终可以交付使用的产品前，这些原始数据一般还必须经过一定的数据处理。

不同领域的学者根据自身工程特点对点云数据处理的流程提出了不同方案，如文物保护领域、土木工程领域、逆向工程领域等都有各自的处理方案。具体流程如图 1.1 至图 1.4 所示。

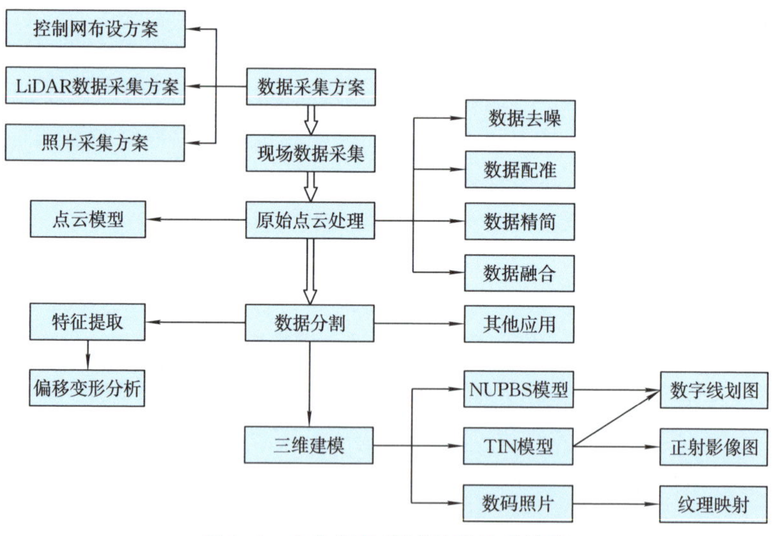

图 1.1　文物保护领域数据处理流程

(王晏民 等，2011)

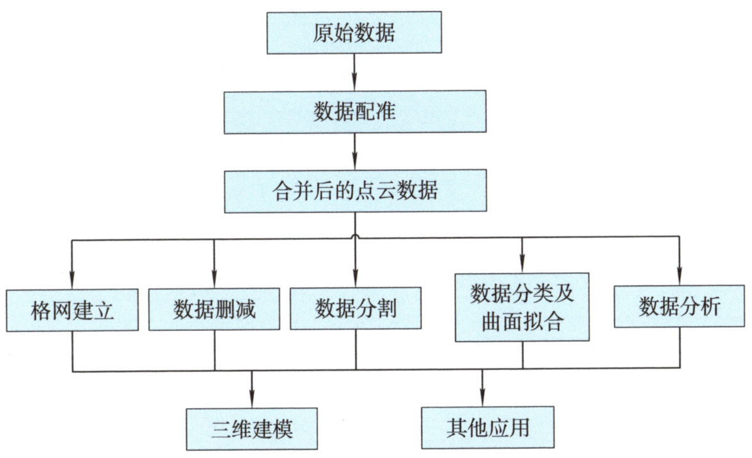

图 1.2 土木工程领域点云数据处理流程
(郑德华,2005)

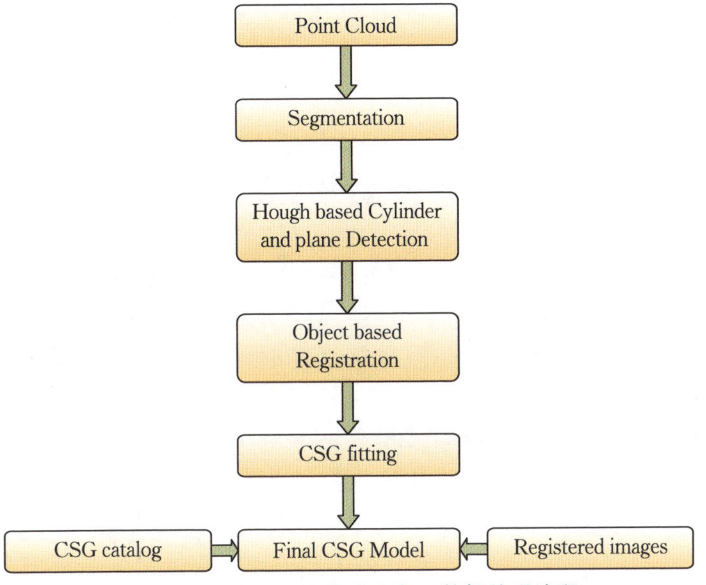

图 1.3 国外工业设施重建点云数据处理流程
(Rabbani,2006)

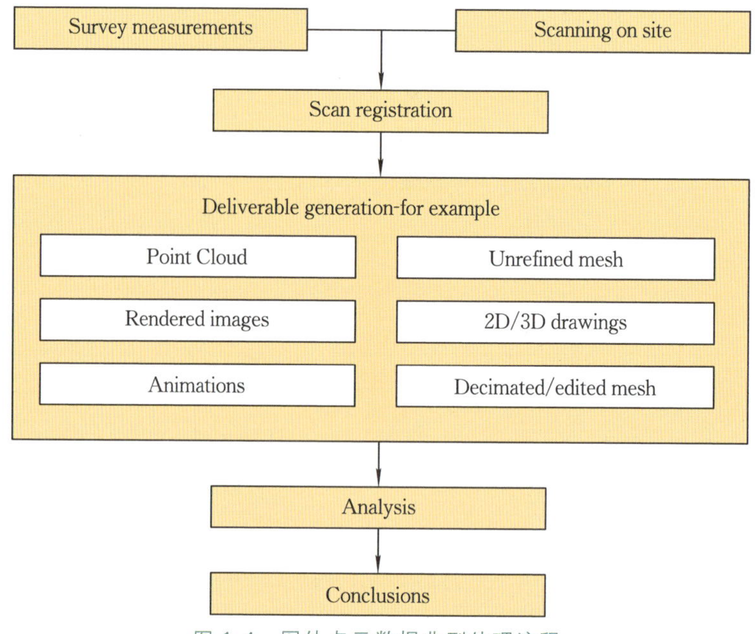

图 1.4　国外点云数据典型处理流程

(Barber et al,2007)

点云数据的处理是一项十分复杂的研究内容。根据以上流程图可以看出,不同领域的点云数据处理流程大同小异。数据处理的流程主要可分为数据平滑与去噪、数据配准、数据分割、数据缩减、三维模型建立等方面。

但是这类数据处理流程针对大场景项目处理起来极为困难,一般需要进行分割或分块后再处理,然后再合并为最后成果。这种处理流程保留了绝大部分离散点云数据,将冗余数据甚至是错误的数据带到了后处理的过程中,不仅给处理工作增加了难度,对计算机硬件、处理软件的要求提高,而且还降低了点云数据处理成果的整体精度。因此,单一的点云数据模型不能满足各类点云数据应用及处理的需求。有学者意识到栅格数据模型相对点云数据模型的优势,对其展开了研究。危双丰(2007)提出用深度图像作为点云的另一种数据模型;郭明(2011)进一步提出了栅格数据模型的概念,并将其作为数据处理模型,该数据模型能有效压缩数据,并且存储了数据的线性关系,简化了后续数据处理的难度。但单一的栅格数据模型不能满足高精度数据处理和表达的要求,因此将点云数据模型和栅格数据模型结合起来,取长补短进行应用才是最终的方向。本书提出了以基准面为纽带,统筹考虑点云数据模型与栅格数据模型的数据处理流程,方便后续的数据应用、建模、显示、存储等多样化需求,如图 1.5 所示。

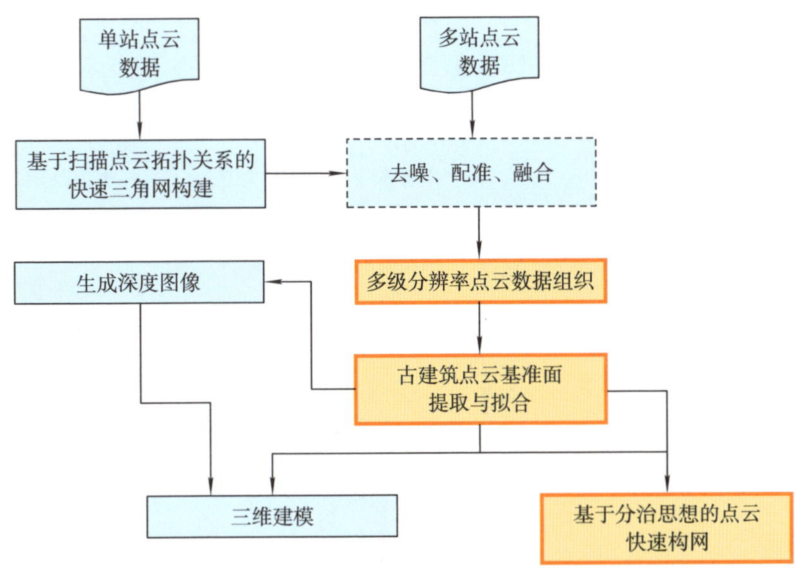

图 1.5 结合点云数据模型与栅格数据模型的处理流程

1.1.2 点云空间数据索引

20 世纪 70 年代中期以来很多多维索引技术问世。Finkel 等(1974)提出了四叉树,主要存储空间多维点;Bentley(1975)提出了 k-d 树(k-dimensional tree),其对于精确的点匹配查找具有和二叉树一样良好的性能;Hunter(1978)首次提出了八叉树(octree)结构的概念。R 树由 Guttman(1984)提出,是最早支持扩展对象存取的方法之一,是目前应用最为广泛的一种空间索引结构。目前适合点云数据的三维空间索引方法主要有规则格网(王晏民,2002;夏宇 等,2006;郑坤等,2006)、四叉树、八叉树、k-d 树(史文中 等,2007)、R 树及其变种(龚俊 等,2011;Guttman,1984)、KDB 树、BSP 树等。在这些算法中,八叉树和 k-d 树在点云索引中应用最为广泛。八叉树算法易于实现,较适用于均匀分布的数据;但是针对古建筑海量不均匀分布的点云数据,其效率不高。而 k-d 树是二叉树在高维空间的扩展,但又不像四叉树、八叉树等以空间的一半分割,而是依据数据的分布来分割空间,在邻域查找效率方面较有优势,但数据量非常大的情况下会导致深度过大、效率降低。郑坤等(2006)归纳总结的空间索引综合性能对照如表 1.1 所示,有较好的实际参考意义。

表 1.1　空间索引综合性能对照

索引名称	划分区域方法	适合对象	优点	缺点
规则格网	面域等分或不等分	空间对象	结合编码，高效查询，算法简单	数据冗余，单一分辨率，变长记录，难以维护
k d 树	按点二分	点对象	具有较低的存储需求，高效查询	无法管理海量数据，更新困难，主要用于点对象索引
KDB 树	按点二分	点对象	动态索引，高效查询	剔除算法效率较低，浪费空间，线、面对象索引困难
八叉树	空间八分	空间对象	算法简单，与空间对象分布相适应	深度较大，对各种操作均有不利影响
BSP 树	空间二分	空间对象	可以控制切割面及分割树的深度，树的检索速度较快	算法复杂，动态维护性能较差，需要预先生成
R 变种树	矩形或不规则多边形	空间对象	区域重叠度改善，效率有所改善	算法复杂，动态维护性能较差
层次包围体	空间实体性	空间对象	高效查询，能很快检索到最小图元，有成熟的算法支持	算法较复杂
地址编码	基于格网剖分	空间对象	集成表达，多分辨率，可用于非欧氏空间索引	隐形位置表达，换算计算量大，数据存储量大，通用性差

由于单级的索引方式无法很好地满足各类数据的需求，因此多级索引是目前索引方式的研究热点。多级索引是将多个不同或相同的索引方法组合使用，对单级索引空间或者空间范围进行多级划分，解决超大型数据量的地理信息系统(GIS)检索、分析、显示的效率问题。多级索引由于其多级的结构特性，往往可以很好地利用计算机硬件资源的并行工作特性，如多中央处理器、磁盘阵列等，来提高检索的效率。多级索引方法很多，不同的单级索引组合便可以构成不同的多级索引方法。但是由于每种索引的特性不同，所以如何将多种索引融合成一体构成一种高效的多级索引也是空间索引的一个研究方向，有学者提出一些具代表性的多级索引(伏玉琛 等，2003；夏宇 等，2006)。也有学者根据八叉树和 k-d 树的各自优势，提出了八叉树和 k-d 树混合索引的方法(郭明，2011；廖丽琼 等，2012；路明月 等，2008)。但目前针对点云数据的高效空间索引的建立、维护、查询等算法都有待于进一步研究。

1.1.3　点云分割

点云的形状特征包括拓扑结构特征、几何特征和统计特征。目前点云分割的方法可以分为两大类:基于拓扑结构特征的分割和基于几何特征的分割。

基于拓扑结构特征的分割,主要理论有测地距离与测地线的计算、Morse 理论、Reeb 图、Level Set 方法、骨架技术、频域处理技术、形状分布技术,以及利用能量场的方法等,多用于不规则物体的分割,如树、动物、人等。肖春霞等(2005)采用移动最小二乘法(moving least squares, MLS)和 Level Set 方法,以及虚拟测地线的概念,计算了点云模型上两点之间的测地距离和测地线的逼近拟合。

Yamazaki 等(2006)根据 Morse 理论的思想,通过在输入的点云上建立离散函数及其相关的梯度流场,利用拓扑方法定义了梯度流场的特征——sinks,进而通过拓扑特征 sinks 所确定的超节点(supernode)构成图,对点云进行了较好的分解。Pascucci 等(2007)给出了一个简单、快速的计算三维网格的 Reeb 图的方法。该方法是点云拓扑结构特征表征与计算中需要研究的一个重要问题。

基于几何特征的分割,则是根据点云的微分几何变量来进行分割,如法向量、曲率等,多用于分割较规则的几何体。对于建筑的分割则多采用此类分割方式。Lee(2000)提出了一种改进的移动最小二乘法来识别曲面的算法。Filin(2002)提出了基于聚类的方法进行分割,而用于聚类的"特征"往往通过一个点的邻域来计算,因此这种算法对邻域中存在的噪声点比较敏感。Vanco 等(2004)提出了统筹考虑平滑性和平整度或者全局曲率的算法。Peng 等(2005)则提出了仅仅根据曲率进行点云分割的算法。Rabbani 等(2006)提出了基于平滑性(局部法向量)的算法。但古建筑点云表面由于彩绘、材质等原因,表面凸凹不平,微分几何信息估算困难,导致分割不准。Matthieu(2005)提出了采用点云数据和图像一起分割的策略。但图像主要提供色彩和灰度的变化信息,而古建筑通常有彩绘,因此同一平面有不同色彩,或不同平面有同样的色彩,无法有效利用图像信息。另外还需要将点云和图像进行配准。这一算法目前也不成熟,也无法很好地应用于古建筑。

Vosselman 等(2004)提出了一种区域增长法来分割建筑物的平面;在此基础上,Pu 等(2006)提出了根据大小、方向、位置、拓扑关系,以及其他限制条件进一步区分平面为墙、屋顶、地面、窗户等。区域增长的分割方法具有简单、高效的特点,但它受噪声点的干扰也很大,容易产生过度分割。并且这一算法主要针对平面进行分割,无法提取柱面和球面。

另外计算机视觉以及信号处理领域的一些方法也被用于点云的分割。有些技术把几何信息变换到参数空间上进行处理,例如霍夫变换和高斯球。Overby 等(2004) 将 3D 霍夫变换应用于三维建筑物点云的平面检测。Vosselman 等(2004)提出了在保证可靠性的前提下,利用法向量加速平面检测的改进的 3D 霍夫变换算法。采用法向量和一个坐标点来定义平面,平面的参数在参数空间直接映射为一个点,这样就避免了平面的相交计算,提高了检测的效率。但这只限于平面的检测。随机抽样一致性算法(random sample consensus, RANSAC)用于在含有大量噪声点和边的点云数据中稳健地检测出模型的参数。随机抽取样本,利用RANSAC算法能够检测出大量的可能的基础几何形状,通过迭代的比较和排序,最终匹配出最优的分割方案。Bretar等(2005)提出了基于法向量驱动的建筑物屋顶平面提取算法(normal drive-random sample consensus, ND-RANSAC)。该算法首先估算每个点的法向量,然后随机抽取3个具有近似法向量的点进行迭代计算。RANSAC算法被用于检测平面、球、圆柱等基础形状(Schnabel et al, 2007a, 2007b, 2007c)。还有学者对如何利用颜色对点云分割进行了研究(Abdelhafiz et al,2005; Abmayr et al,2004)。Hofmann等(2002)和Schindler等(2003)提出了基于模型的方法进行分割。Pu等(2009)还提出了基于知识的分割方法。

但这些算法都无法很好地处理噪声带来的影响,并且适用面比较窄,无法满足自动地、一次性地从古建筑中提取出所需要的平面、柱面、球面等基准面。

1.1.4 点云德洛奈三角网构建

三维点云的德洛奈(Delaunay)三角网构建目前主要有两种思路:一种是将三维点云投影到二维平面上,在二维平面上进行德洛奈三角网构建,然后再投影回三维空间;另一种是直接在真三维空间上进行德洛奈三角网构建。

二维的德洛奈三角剖分经典算法主要有逐点插入法、分而治之法和三角网生成法。

1972年Lawson提出了三角化的最大内角最小化原则,符合这一原则的三角化称为局部均匀的,并于1977年提出了Lawson算法(Lawson,1977),它是逐点插入法的代表算法之一。Bowyer(1981)和Watson(1981)等众多学者对其进行了改进。在Lawson算法的基础上,1984年Cline和Renka提出了Cline-Renka算法(Cline et al,1984)。Lawson算法是以与X坐标最小点距离的平方递增的顺序排列各点,Cline-Renka算法则是以X坐标或Y坐标从小到大顺序排列各散乱点。Lawson算法具有较高的运算效率,Cline-Renka算法则占有较少的存储空间。但这两种算法只能处理凸多边形区域的三角剖分。对于凹区域,只能分割成多个凸区域后分别进行三角剖分,或者通过删除冗余三角形来实现带有凹边界或内孔曲面数据的三角剖分。

分而治之算法思想由Shamos和Hoey于1975年提出(Shamos et al,1975)。并由Lewis和Robinson将此思想应用在德洛奈三角网构建中(Lewis et al, 1978)。此后,1980年Lee和Schachter对其进行了改进(Lee et al,1980)。分而治之算法,首先将数据排序,分成两个互不相交的子集,在每一个子集建立三角网后,将两个三角网合并以生成最终的德洛奈三角网。Dwyer(1987)对分而治之算法通过将数据分成垂直条块，进而用相交边界将条块再一次细分为区域，Dwyer的算法能处理带约束条件的数据。

1978 年 Green 和 Sibson 提出了三角网生长算法（Green et al，1978），随后 Brassel 和 Reif 等众多学者对其进行了改进（Brassel et al，1979）。三角网生长算法由于搜寻第 3 点所消耗的时间过长，近年来已经很少用到。

比较常用的是分而治之算法和逐点插入算法，而这两类算法又有其各自的优缺点。逐点插入算法实现过程相对简单，所需内存较小，但它的时间复杂度相对较高。所以从时间复杂度方面看，分而治之算法是最好的。但由于分而治之算法中存在大量递归过程，所以实现起来需要较大内存空间，制约了其在大规模数据集上的应用。目前有很多合成算法研究，其热点是如何将逐点插入算法植入到分而治之算法中。

三维点云投影到二维平面上构建三角网，虽然能保证二维三角网最优，但却不能保证在三维空间仍然最优。因此很多学者开始研究三维散乱点云的空间三角剖分。Boissonnat（1984）首先提出了基于无组织采样点集的德洛奈三角剖分来重建表面的算法。

Amenta 等（1998）又提出了 Crust 概念，基于计算几何中沃罗诺伊（Voronoi）图和德洛奈三角剖分对离散型点集进行曲面重建。这一算法可以用较密集的点表达有特征区域，而较稀疏的点表达无特征区域。目前这一算法应用较广。

另一种应用较多的 α-shape 算法的概念是由 Edelsbrunner（1995）首先提出的。α-shape 算法，删除了四面体凸包中的包围球或外接圆半径大于 α 的四面体、三角形和边，来重建表面。这种方法对于分布均匀的数据比较有效。

Choi 等（1988）在 Cline-Renka 算法的基础上，对散乱数据点进行空间排序，提出了一种直接在三维空间进行三角剖分的方法。

另外，在很多情况下，离散数据之间存在约束关系，表现为离散数据带有若干条折线和封闭多边形，在剖分结果中需包含这些特征。因此，还有很多学者提出约束德洛奈三角化。约束德洛奈三角化大致可分为约束图法、分割合并算法、Shell 三角化算法和两步法。其中以 Berna、lSloan 和 Floriani 为代表的两步法研究比较多。两步法是先建立非约束的德洛奈三角网，然后将约束线嵌入进去进行调整。

经过 20 多年的发展，三维点云构网方法在速度上得到了很大的提高，且对存储空间的消耗也大大减少。但由于实时大规模场景渲染和三维可视化数据量大、数据复杂等问题，对德洛奈三角网的构网效率、准确性和稳定性要求不断提高，因此需要在这方面继续开展更加深入的研究。

1.1.5 点云处理软件

目前对于三维激光扫描技术获取数据的处理大多采用国外的软件。各种类型的三维激光扫描仪配有相应的点云数据处理软件。如徕卡(Leica)公司的 Cyclone 软件、Rigel 公司的 3D-RiSCAN 软件、Optech 公司的 ILRIS-3D Parser 软件、Mensi 公司的 3Dipsos 软件、Zoller + Fröhlich 公司的 Light Form Modeller (LFM)软件、I_SITE 公司的 I-SiTE 3D Laser Imaging 软件等。逆向工程领域比较著名的点云处理软件有加拿大 InnovMetric 公司的 PolyWorks 软件、美国 EDS 公司的 Imageware 软件、美国 Raindrop 公司的 Geomagic Studio 软件、美国 DelCam 公司的 CopyCAD 软件和韩国 INUS 公司的 Rapidform 软件等。这些软件一般都具有点云数据配准与拼接、编辑、三维建模、纹理分析处理、可视化和数据转换等功能。逆向工程软件主要应用在计算机辅助设计与制造领域,侧重于精细数据表面的建模和可视化,没有考虑海量数据的处理与管理。点云的分割功能主要采用简单的区域分割算法,不能很好地实现点云数据自动分割,需要大量的人工操作,自动化程度较低。

1.2 研究内容

本书以地面激光雷达获取的建筑物点云数据为研究对象,针对室内外建筑物精细三维建筑模型重建问题,重点研究室内外激光雷达点云数据语义分割以及建筑元素层次结构和拓扑关系的表达。具体研究内容如下:

(1)建筑物三维激光点云模型构建。由于原始点云数据存在数据量大、噪声多、数据不全等特点,因此在形成最终可以交付使用的产品前,这些原始数据一般还必须经过一定的数据处理,例如去噪、配准、补洞等,才能够得到可以使用的三维激光点云模型。

(2)大规模散乱点云数据的空间索引设计。点云数据量巨大,在后续的使用中需要频繁计算邻域等信息,因此必须提出高效的空间索引结构。在深入分析散乱点云数据的固有特点和应用特征的基础上,提出一种新型的混合空间索引方法及其生成算法,研究提高点云邻域查询、单点检索与三维可视化等算法的执行效率,为点云数据处理与三维模型建立的原型系统设计与应用提供支持。

(3)建筑物室内外点云数据的语义分割。研究传统基于微分几何信息的分割方法以及基于深度学习的语义分割方法,提出有效分割出墙面、地面、屋顶、门和窗户的分割方法。

(4)基于核心点的形状识别、特征提取及拟合方法。根据分割后的点云子集在高斯域上的聚类特征，判断点云子集的形状特征。由于高斯域具有降维的特性，因此简化了形状识别以及特征提取的难度，从而更准确地进行模型拟合。

(5)面向全局的具有建筑结构和要素拓扑关系的模型构建方法。利用并行计算思想以及多核技术，基于 OpenMP 并行编程模型对本书提出的 MultiGrid-KD 树索引创建及最近邻查询算法、微分几何信息估算、AQ-DBSCAN 聚类等主要算法进行了并行计算优化，并对并行计算优化前后的效率进行了对比。

基于 Visualization Toolkit 库(VTK)，采用 OpenMP 实现算法的多核并行化处理，采用 VC 语言，开发了古建筑点云数据处理原型系统(PC Building)，并实现了系统的主要功能模块：输入输出模块、三维场景模块、交互编辑模块、数据预处理模块、数据分割模块、特征拟合模块和三角网构建模块等。

第 2 章　三维激光扫描测量技术

本章对激光的特点，以及三维激光扫描测量系统的基本原理、工作流程、应用领域等进行详细的介绍。

2.1　激光基础

激光的英文单词是"laser"，其本质含义是"light amplification by stimulated emission of radiation"的首字母缩写词，现在已惯用为名词了。

激光的出现，应追溯到 1958 年，Schawlow 等(1958)在《Physical Review》杂志上发表名为《Infrared and Optical Masers》的文章。在文章中，作者认为，微波激射器的工作原理可以扩展到红外和光频谱区段，提出了激光的工作原理，在当时他们还没有得到真正的激光。此篇文章引起了全世界实验室、学院及工业界等科学工作者的轰动，为真正地发现激光，他们之间开展了激烈的竞赛。

1959 年，贝尔实验室的 Ali Javan 用氦原子与电子非弹性碰撞方法使氦原子处于亚稳态，使其释放的能量激发氖原子，从而提出氦-氖激光器的原理。1960 年，Theodore Maiman 研制成功了世界上第一台红宝石激光器，为现代各种激光器的研制奠定了基础，迎来了激光技术的新纪元。同年，Schawlow 和 Townes 得到了激光的发明专利。在随后的 10 年里，有关激光方面的新成果、新创造如雨后春笋般出现。由于激光所表现出的高亮度、高强度、波束窄、方向性好等方面的优点，为其他领域的发展提供了契机，它成为服务于人类强有力的科学工具，提高了人类的生活水平，丰富了人类的知识。

激光的出现使激光医疗突破传统障碍，迅速发展起来。1961 年，在医学领域，美国哥伦比亚长老医院第一次用激光凝固器成功地治疗了一位视网膜瘤病人。1964 年，贝尔实验室的 Kumar Patel 发明了二氧化碳激光器，它能帮助外科医生不用解剖而执行高难度的外科手术，同时减少了病人的痛苦。之后，激光在医学领域的研究如火如荼。

1967 年，Edward Teller 提出将激光用于军事方面。在通信领域，特别是光纤的出现，激光以传输速度快、数据量大等特点已成为信息传输的最佳媒介。激光技术自出现以来已有 60 年的历史。现在，激光以其特有的优势已广泛应用于医学、制造业、建筑、测绘、电子仪器、文物保护、模具制造、玩具和军事等领域。由于在激光方面所作出的杰出贡献，Townes 和 Schawlow 分别于 1964 年和 1981 年获诺贝尔奖。

自从激光器发明后，激光的单色性、方向性、相干性和高亮度特性，为人类带来了一种崭新的强光源，从此以后，各种形式、功率的激光器就像雨后春笋般地发展起来。激光器的蓬勃发展，不但使激光科学本身有巨大的进展，而且在应用方面也打开了广阔的领域。

在空间信息获取方面，将激光引入测量装置，其在精度、速度和易操作性等方面均表现出强劲的优势，引起测量相关行业学者的广泛关注。许多高技术公司和研究机构的研究方向重点放在了激光测量装置的研究中。随着激光技术、半导体技术、微电子技术、计算机技术和传感器技术等相关技术的发展和应用需求的推动，激光扫描测量技术也逐步由点对点的激光测距装置，发展到采用非接触主动测量方式，快速获取物体表面采样点三维空间坐标的三维激光扫描测量装置。

第一代测距仪采用普通光源，只能在夜间使用。后来，用激光代替了普通光源，出现了激光测距仪。随着电子经纬仪的发展，电子经纬仪与测距仪相结合，得到了电子速测仪。成立于 1985 年的美国激光科技公司(LTI)，最初研究和开发用于开挖海港和货运通道的基于激光的水道测量系统。随着对脉冲激光棘手问题的攻破，该公司将此项技术推广到其他应用领域，如推出了世界第一个商业激光测速仪，以及为美国国家航空航天局(NASA)建立了一个自定义空间位置停靠系统等。徕卡(Leica)公司于 1990 年推出了第一代激光跟踪仪 SMART310。

激光跟踪测量系统具有测距精度高的特点，但是测距为相对测距，需要保持在跟踪过程中激光束不能丢失，另外，测距需要合作目标(反射器)配合，是一种接触式的测量系统，会给测量带来诸多不便。1994 年，激光放射式扫描仪开始出现，采用激光雷达测距技术代替激光干涉测距所构成的系统，由于测距不需要合作目标，也被称为激光扫描测量系统。到 20 世纪末，激光测量技术获得了巨大的发展，在很多领域取得了成功。以激光扫描测量系统为代表的激光测距技术的发展，使激光测量技术在以下几个方面得到突破：

(1)激光测距从一维测距向二维、三维扫描发展。

(2)实现无合作目标快速高精度测距。

(3)实现测量数据(距离和角度)的人工单点数据获取变为连续自动获取数据，提高了观测精度和速度，其应用范围也扩展到工业测量、智能交通等诸多领域。

三维激光扫描测量技术的出现和发展，掀起了一场立体测量技术的新革命。它克服了传统测量技术的局限性，能够对立体实物进行扫描，解决了将立体世界的信息快速地转换成计算机可以处理的数据。它具有速度快、实时性强、精度高、主动性强、全数字特征以及性能强的特点，可以极大地降低成本、节约时间，而且使用方便，其输出格式可直接与 CAD、三维动画等工具软件衔接。

2.2 三维激光扫描测量技术

2.2.1 概 念

针对三维激光扫描测量技术，常见的英文翻译有"light detection and ranging，LiDAR""laser scanning technology"等。众所周知，"雷达"是发射的无线电信号遇到物体返回后接收处理信号，以对物体进行探查与测距，英文称为"radio detection and ranging"，简称"radar"，译成中文就是"雷达"。由于LiDAR与radar的原理是一样的，只是信号源不同，又因为LiDAR的光源一般都采用激光，所以将"LiDAR"译为"激光雷达"。普通雷达一般放在飞机、卫星或山顶上，扫描的范围比较大、精度比较低，一般用于小比例尺测图和目标搜寻。由于无线电测距的精度比较低，近距离、小范围用途不大，所以没有近距离、小范围的普通雷达。人们通常把大范围、远距离的三维激光扫描看成是激光雷达，而把近距离、小范围的激光雷达称作三维激光扫描，这是一种误解。实际上，普通雷达是无线电三维扫描，激光雷达是激光三维扫描，不存在距离远近和范围大小的区别。

2.2.2 基本原理

激光雷达获取数据的仪器为三维激光扫描仪，利用激光作为信号源，对三维目标按照一定的分辨率进行扫描。激光雷达测量由测距和测角两部分组成：在测距上，利用激光探测回波技术获取激光往返的时间差或相位差等，进而计算目标至扫描中心的距离 S；在测角上，由精密时钟控制编码器同步测量每个激光信号发射瞬间仪器的横向扫描角度观测值 α 和纵向扫描角度观测值 θ，如图2.1所示。测点的空间三维坐标 (X, Y, Z) 可由空间三维几何关系通过一个线元素和两个角元素的计算得到，空间点位的关系如图2.2所示。

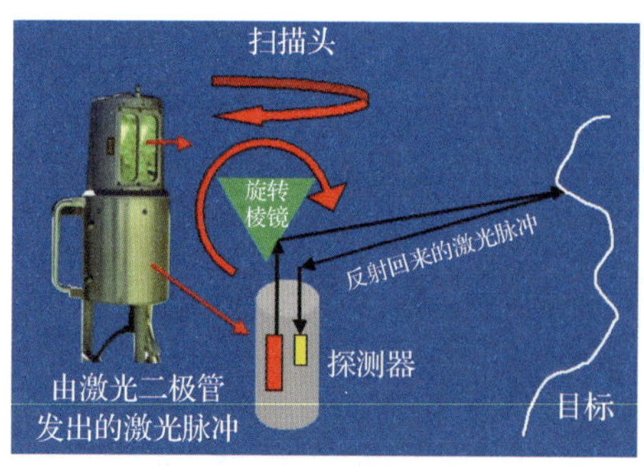

图2.1 激光雷达扫描原理

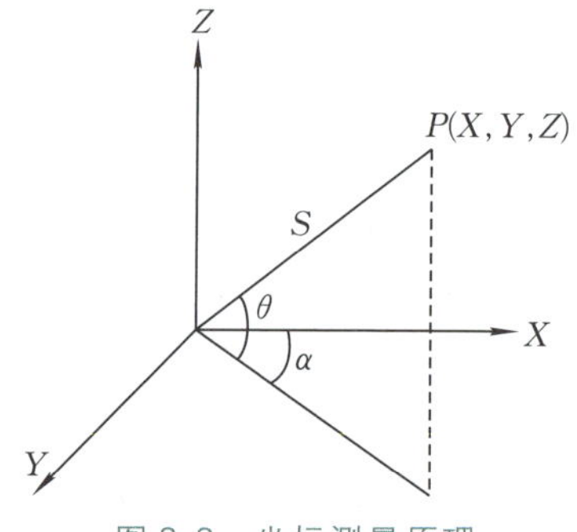

图2.2 坐标测量原理

空间点位的计算模型为

$$\left.\begin{aligned} X &= S\cos\theta\cos\alpha \\ Y &= S\cos\theta\sin\alpha \\ Z &= S\sin\theta \end{aligned}\right\} \tag{2.1}$$

还有部分激光扫描仪采用激光发射和接收两个装置与目标点构成的角度来测量距离，这类激光扫描仪主要用于短距离目标测量。激光扫描系统一般使用仪器自己定义的坐标系统，部分扫描仪器可以输入控制坐标来设定仪器坐标系(如徕卡的 Scanstation 系列地面激光扫描仪)。

基于不同的测距原理，地面激光扫描仪存在较大差异，主流的地面激光扫描仪主要包含 3 种测距原理：基于脉冲飞行时间差测距原理、基于相位差测距原理、基于激光三角形测距原理。

1. 基于脉冲飞行时间差测距原理

此类三维激光扫描仪利用激光脉冲发射器周期性地驱动激光二极管向物体发射近红外波长的激光束，然后由接收器接收目标表面后向反射信号，产生一个接收信号，利用稳定的石英时钟对发射与接收时间差作计数，确定发射的激光光波从扫描中心至被测目标往返传播一次需要的时间 t，光的速度 c 是常量，所以可由下列公式计算被测目标至扫描中心的距离 S，即

$$S = \frac{1}{2}ct \tag{2.2}$$

由于采用的是脉冲式的激光源，通过一些技术可以很容易得到高峰值功率的脉冲，所以基于脉冲飞行时间差法适用于超长距离的测量。其测量精度主要受到脉冲计数器的工作频率与激光源脉冲宽度的限制。

2. 基于相位差测距原理

此类系统将发射光波的光强调制成正弦光波的形式，通过检测调幅光波发射和接收的相位移来获取距离信息。正弦光波振荡一个周期的相位移是 2π，发射的正弦光波经过从扫描中心至被测目标的距离后的相位移为 φ，则 φ 可分解为 N 个 2π 的整数周期和不足一个整数周期的相位移 $\Delta\varphi$，即

$$\varphi = 2\pi N + \Delta\varphi \tag{2.3}$$

正弦光波振荡频率 f 为光波每秒的振荡次数，则正弦光波经过秒钟后振荡的相位移为

$$\varphi = 2\pi f t \tag{2.4}$$

由式(2.3)和式(2.4)可解出

$$t = \frac{2\pi N + \Delta\varphi}{2\pi f} \tag{2.5}$$

将式(2.5)代入式(2.2)中，得到从扫描中心至被测目标的距离 S 为

$$S=\frac{c}{2f}\left(N+\frac{\Delta\varphi}{2\pi}\right)=\frac{\lambda_s}{2}\left(N+\frac{\Delta\varphi}{2\pi}\right) \tag{2.6}$$

式中：λ_s 为正弦光波的波长；c 为光速。由于相位差检测只能测量 $0\sim 2\pi$ 的相位差 $\Delta\varphi$，当测量距离超过整数倍时，测量出的相位差是不变的，但检测不出整周数 N，因此测量的距离具有多义性。消除多义性的方法有两种：一是，事先知道待测距离的大致范围；二是，设置多个不同的调整频率的激光正弦光波分别进行测距，然后将测距结果组合起来。

相位以 2π 为周期，所以基于相位差测距法会有测量距离上的限制，测量范围为数十米。由于采用的是连续光源，功率一般较低，所以测量范围也较小。其测量精度主要受相位比较器的精度和调制信号的频率限制，增大调制信号的频率可以提高精度，但测量范围也随之变小，所以在不影响测量范围的前提下提高测量精度，一般都设置多个调频频率。通常的测量精度达到毫米数量级。

3. 基于激光三角形测距原理

此类系统基本原理是，一束激光经光学系统将一个亮点或直线条纹投射在待测物体表面。由于物体表面的形状起伏及曲率变化，投射条纹也会随着轮廓变化而发生扭曲变形。被测表面漫反射的光线通过成像物镜汇聚到光电探测器的接收面上，被测点的距离信息由该激光点在光电探测器接收面上所形成的像点位置决定。当被测物表面移动时，光斑相对于物镜的位置发生改变，相应地其像点在光电探测器接收面上的位置也将发生横向位移。借助数码摄像机获取激光光束影像，即可依据数码相机内成像位置及激光光束角度等数据，利用三角几何函数关系计算出待测点的距离或位置坐标等资料，如图 2.3 所示。

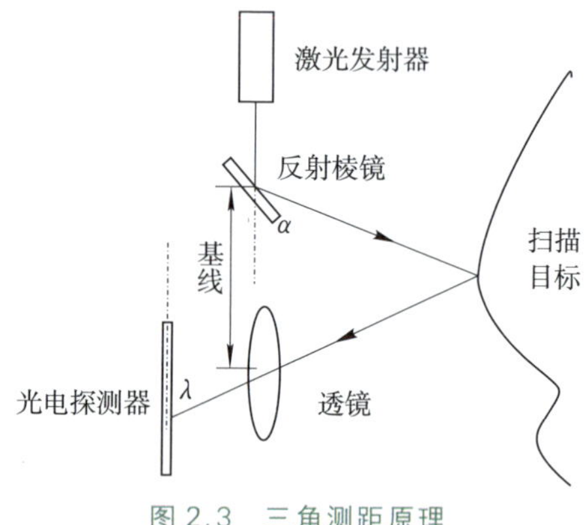

图 2.3　三角测距原理

采用该原理的三维激光扫描仪的精度可以达到微米级，但对于远距离测量，必须要伸长发射器与探测器间的距离，所以不适用于远距离测距。

2.3 三维激光扫描测量系统

三维激光扫描测量系统由平台、硬件和软件共 3 部分构成：平台有飞机、移动测量车、三脚架等；硬件有激光扫描器等，完成系统的控制，以及原始数据的采集、存储、显示、传输等；软件的功能主要有数据采集、数据通信、数据后处理、立体重建等。三维激光扫描测量系统的平台不同，其结构也存在差异。固定站式的三维激光扫描测量系统的激光扫描仪姿态参数可一次性测定，所以不用惯性导航系统（inertial navigation system，INS）或定位测姿系统（position and orientation system，POS）等测定数据采集时的姿态参数。当前，国际上比较知名的三维激光扫描仪设备生产商有：Rigel、Leica、Trimble、Optech、Topcon、Faro、Metrics 等。近年来，国内也出现了一些品牌，主要有：中科天维、海达数云等。它们各自的产品在测距精度、测距范围、数据采样率、最小点间距、点位精度、模型化点定位精度、激光点大小、扫描视场、激光等级、激光波长等指标上会有所不同，可根据不同的情况如成本、模型的精度要求等因素进行综合考虑，选用不同的三维激光扫描仪产品。部分地面激光扫描仪参数指标如表 2.1 所示。

表 2.1 部分地面激光扫描仪参数指标

仪器型号	Leica HDS6200	Scanstation C10	Rigel VZ 1000	TW-Z1000
测距原理	相位	脉冲	脉冲	脉冲
每秒宽边测量的点数	100	5	30	10
扫描距离/m	1～79	1～300	5～600	5～1 200
范围（横×纵）	360°×300°	360°×270°	360°×110°	360°×300°
点位精度	±5 mm@50 m	±5 mm@50 m	±2 mm@100 m	±10 mm@50 m
仪器外观				

可根据三维激光扫描系统特性及指标的不同，将其划分为不同类型，如可根据承载平台、扫描距离、扫描视场、扫描方式、测距原理等指标进行划分，如表 2.2 所示。

表 2.2 三维激光扫描系统主要仪器类型

<table>
<tr><th>划分指标</th><th colspan="12">仪器类型</th></tr>
<tr><td>承载平台</td><td colspan="3">机载三维激光扫描系统</td><td colspan="3">车载三维激光扫描系统</td><td colspan="3">固定站式三维激光扫描系统</td><td colspan="3">手持三维激光扫描仪</td></tr>
<tr><td>扫描距离</td><td colspan="3">远程三维激光扫描系统,最远距离 300 m 以上,代表性型号 Optech ILRIS-3D</td><td colspan="3">中程三维激光扫描系统,最远距离 100～300 m,代表性型号 Leica HDS3000</td><td colspan="3">短程三维激光扫描系统,最远距离 10～100 m,代表性型号 Leica HDS4500</td><td colspan="3">超短程三维激光扫描系统,最远距离 10 m 以内,代表性型号 VIVID910</td></tr>
<tr><td>扫描视场</td><td colspan="4">矩形扫描系统</td><td colspan="4">环形扫描系统</td><td colspan="4">穹形扫描系统</td></tr>
<tr><td>扫描方式</td><td colspan="6">线扫描系统</td><td colspan="6">面扫描系统</td></tr>
<tr><td>测距原理</td><td colspan="4">脉冲飞行时间差测距,代表性型号有 Leica HDS3000</td><td colspan="4">相位差测距,代表性型号有 Leica HDS4500</td><td colspan="4">三角测量原理,代表性型号有 VIVID9i</td></tr>
</table>

机载激光扫描测量系统和车载激光扫描测量系统在扫描过程中平台处于运动状态,需要集成多源传感器,确定激光雷达扫描时的瞬时位置和姿态。机载激光扫描测量系统测量距离比较远,一般基于脉冲飞行时间差的测距原理。该系统由多源传感器集成,一般包括电荷耦合器件(charge-coupled device,CCD)、全球定位系统(Global Positioning System,GPS)、惯性导航系统(inertial navigation system, INS)与惯性测量单元(inertial measurement unit, IMU)、定位测姿系统(position and orientation system, POS)、激光扫描仪(laser scanner)等。其中,CCD 和激光扫描仪为数据获取设备,用于获取纹理信息和空间三维信息,GPS 和 INS/IMU/POS 用于定位。由激光扫描时的瞬间位置和姿态信息及由脉冲飞行时间差测出的距离信息,再根据三维坐标转换的关系得出地面点三维空间坐标。车载激光扫描测量系统一般由数据获取设备 CCD、三维激光扫描仪和定位设备 DGPS/INS/里程表等组成。

通常将三维激光扫描仪所获得的三维空间数据的点集称为点云(point cloud),这类数据有如下特点:

(1)数据量大。一站扫描得到的点云数据可以包含几十万到上百万个扫描点。

(2)密度高。扫描数据点的平均间隔在测量时可由仪器设置,一些仪器设置的最小平均间隔可达 1～2 mm。

(3)带有扫描物体光学特征信息。由于三维激光扫描技术可以接收反射光的强度,因此扫描得到的点一般具有反射强度信息,有些三维激光扫描仪还可以获得点的色彩信息。

这些特点使得三维激光扫描数据具有十分广泛的应用,同时也使数据处理变得复杂和困难。

2.4 工作流程

利用三维激光扫描仪获取的点云数据构建实体三维几何模型时，不同的应用对象、不同点云数据的特性，三维激光扫描测量数据处理的过程和方法也不尽相同。概括地讲，整个数据处理过程包括：数据采集→数据预处理→几何模型重建→模型可视化。

数据采集是模型重建的前提。数据采集包含现场踏勘与资料搜集、控制测量方案设计、扫描方案设计，以及现场扫描等过程，一般流程如图 2.4 所示。其中，现场踏勘与资料搜集主要包含与扫描对象相关的图纸、文献、相关的测量资料等，对扫描对象和目标充分了解，包含扫描对象的尺度、精度要求及其他数字化相关的测量需求。去实际扫描场地观察扫描对象及其环境，初步确定扫描站点及控制点的分布并绘制草图。

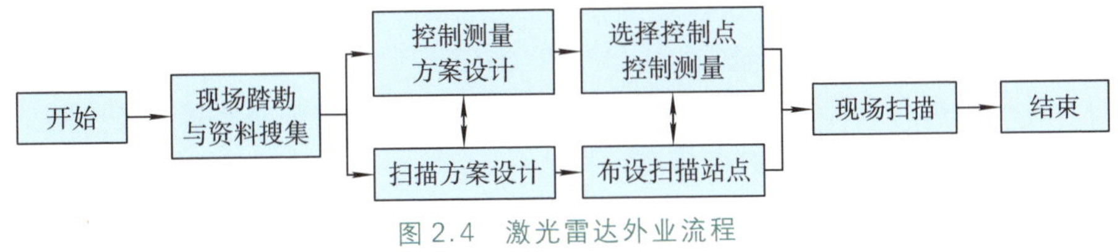

图 2.4 激光雷达外业流程

数据预处理为模型重建提供可靠精选的点云数据，降低模型重建的复杂度，提高模型重建的精确度和速度。数据预处理阶段涉及的内容有点云数据的滤波去噪、点云数据的平滑、点云数据的缩减、点云数据的分割、不同站点扫描数据的配准及融合等；模型重建阶段涉及的内容有三维模型的重建、模型重建后的平滑、残缺数据的处理、模型简化和纹理映射等。实际应用中，应根据三维激光扫描数据的特点及建模需求，选用相应的数据处理策略和方法。下面对上述数据处理内容所采用的方法从几个方面进行归纳和分析。

1. 点云数据的滤波去噪

三维模型的噪声来源于数据采集和建网两部分。采集数据易受环境和系统的影响，如数据采集时激光雷达旋转引起的抖动和运动物体的干扰，在扫描过程中的杂散光和背景光等，都可能导致噪声数据点的产生，有时可能产生不属于扫描实体本身的数据，从而产生冗余数据。比较明显的冗余数据处理一般采用手工选择消除法，目前自动消除冗余数据的常用方法是曲率法、弦高法和平均值法等，它们共同的思路是给定一阈值，大于阈值的点数据则为异常点。建模前，一般用平滑算法将点云数据在测量时产生的少量随机误差予以平均，得到比较光滑的点云数据分布。但平滑算法必须对原始扫描点做变动，有些算法甚至可能会使某些重构的模型产生失真现象。此类平滑算法主要有中值法、平均法和高斯算法等。

模型重建后，如果前期的点云数据噪声滤除不很完善的话，模型中不可避免地会存在一些尖锐特征，使得模型不那么平滑，目前较流行的网格平滑去噪算法有拉普拉斯算法、$\lambda \mid \mu$ 算法（Taubin，1995）及基于平均曲率流的算法（Desbrun et al，2000）。还有一些学者采用模型细分的方法提供模型的平滑度（Overveld et al，1997）。

2. 点云数据的分割

直接对点云数据进行三维重建，不仅增加处理的复杂度，而且可能造成处理系统资源的巨大消耗，为了后续处理数据的方便，所以就需要对数据进行相应的分割处理。当前的分割算法大致分为 3 类：基于边缘的分割方法、基于区域的分割方法和基于区域与边缘的混合分割方法。

3. 不同站点扫描数据的配准与融合

真实物体和场景的结构往往是复杂的。由于受测量系统及视线的限制，不能一次性采集完整物体的点云数据，所以选择物体的不同区域分块采集，且每一次采集的三维数据都有自己独立的空间坐标系。无论是分块采集的数据还是分割处理后的数据，重构后的多个曲面最终要拼接到一起，这个过程中一个重要的工作就是将不同站点得到的三维点云数据配准到一个统一的坐标系下。

目前采用的配准方法可大致分为迭代和基于几何特征两类。在迭代方法中，Besl 等（1992）提出的迭代最近点法（iterative closest point，ICP）应用最为普遍，很多学者对这种方法进行了改进。基于几何特征方法配准的原理是从点云数据中提取点特征、线特征或面特征，利用 k-d 树等方法搜索这些相应特征的匹配对象进行配准。

当几站扫描得到的点云数据配准到同一坐标系后，其重合的部分必然会有两层数据，这就带来了数据的冗余和不一致，因此需要数据的融合操作。目前数据融合的方法有缝合方法、空间网格法和基于体元的融合方法。

4. 点云数据的缩简

建模前，在保证扫描物体曲面特征不失真的情况下，尽可能缩减不必要的数据信息，以减少后续处理算法的复杂度，提高处理速度。它的思路一般是对扫描点云数据的采样，常用方法有比例算法、空间算法、弦高算法、栅格法，以及曲率夹角法等。

模型重建后，如果模型用很细小的曲面或三角面片表示复杂的实体模型，数据量比较大，导致复杂的三维模型在存储、分析、显示、交互、处理以及传输的时候，给计算机带来很大的负担，效率低下。近些年来，为达到用较少的三角面片表示相对

精确模型的目的，许多学者对网格简化进行了重点研究。网格简化作为计算机图形学中研究的重点，已出现了许多网格模型简化的方法，比较常用的方法有顶点抽取方法(Schroeder et al,1992)、迭代简化算法(Hoppe et al,1992)以及二次误差度量算法(Garland et al,1997)等。

5. 三维模型的重建

这方面的研究比较多，常用的模型重建方法有基于基本几何体如圆柱、圆锥、棱柱等布尔操作的方法和基于表面重建的方法。基于表面重建的方法又分为基于数学上自由曲面函数如贝塞尔曲线(Bezier)、B样条曲线(B-spline)、非均匀有理B样条(non-uniform rational B-spline,NURBS)或二次函数等进行曲面重构的方法和网格模型重建方法。B-spline曲面逼近离散点云数据的方法是经预处理后采样点云数据变为矩形分布的点，从而构造出平滑连续的曲面作为重建曲面。步进立方体(marching cube,MC)算法是抽取体数据的等值面构建三维网格模型。Hoppe等(1992)对传统的MC算法进行了改造，建立了基于距离函数的零水平集方法的网格生成方法。Floater等(2001)采用二维映射的方法，首先将原始点云数据投射到平面上，并运用平面的德洛奈三角化方法将这些投射点连接成三角网格，根据这个连接关系，创建原始点云数据的网格重构曲面。Amenta等(1998)对散乱点直接使用沃罗诺伊图进行德洛奈三角化处理。

6. 残缺数据的处理

扫描对象复杂的结构及材质的问题致使局部区域反射率较低，或受现场环境中大气温度、湿度及大气折射率等的影响和扫描仪站点设置的限制及扫描过程中操作者的问题等原因，致使数据不全。而有时需要重构的三维模型能满足一定的精度要求和完整的拓扑性质，因此需要填补漏洞。填补数据的关键是选择合适的拓扑结构。Wang等(2002)利用相似性和对称性的方法填补漏洞;Jun(2005)采用分段处理漏洞的方法，将狭长复杂的模型表面漏洞分段，每段都是简单的漏洞，把每段投影至平面上做简单的三角剖分，然后反投影回三维模型，洞之间的交叉点做特殊处理，最后对补洞部分的三角形做细化处理;Davis等(2002)采用基于场扩散的方法，主要是针对几何形状、拓扑结构上过于复杂，而不能用简单的三角剖分或者补丁面片等方法来解决的漏洞。

7. 纹理映射

真实物体和虚拟场景的建模技术在应用中，一般注重视觉效果的真实性。物体的颜色、材质等信息占据人的视觉信息的很大部分，为了满足可视化的需要，我们还需对几何模型赋予颜色从而能够绘制成具有色彩真实感的三维模型。一般采用数码相机拍摄的真实照片作为纹理的来源，需要解决的主要问题是一个由照片到几何模型的映射问题。在纹理映射的过程中，涉及相机标定、二维图像与三维几何模型如何配准等问题。不同照片的光照处理、照片之间的接缝处理也是影响纹理质量的重要因素。

点云数据的特点不同、重构实体结构的复杂度不同、建模方法不同，点云数据处理的过程也会不同，且每种方法都有它的局限性和适用性，应在前人研究成果的基础上，根据不同的应用领域，进行改进性或创造性的研究。

2.5 应用领域

2.5.1 文化遗产保护领域

在信息技术高度发展的今天，文化遗产数字化的发展程度已经成为评价一个国家信息基础设施的重要标志之一。用现代信息技术使文化遗产数字化，具有重要的社会意义和经济意义。文化遗产数字化可以保存一份完整、真实的数据记录，一旦遭受意外破坏，可以根据这些真实的数据进行修复和完善。文化遗产数字化将激发旅游业发展新机遇，基于数字技术的旅游网络业，建立虚拟旅游景点，全面开发旅游文化资源，彻底改变旅游服务模式，成为网络经济中“异军突起”的一支力量。这样的“旅游活动”也与当代“素质教育”的基本主题有内在的联系，它能够提高现代人的文化素养，还有助于人们形成现代文化眼光，从而对现代人的精神世界产生影响。文化遗产数字化将激发现代教育发展新机遇，在数字技术教育产品市场需求大量增加的情况下，大量可接触和不可接触的文化遗产正在转化为最有价值的产业资源。利用数字化信息技术在虚拟现实空间中再现真实的历史地理信息，并与博物馆、图书馆、档案馆的文字资料、文物图像实现“链接”，甚至辅以不同领域专家学者的咨询与解说，使得传统的课堂教育与广义的文化信息资源实现普遍链接，从而将传统的应试教育与素质教育的界限彻底打破。

当前世界发达国家无不以国家政策为主导，以公共资金启动了文化遗产数字化建设。1992 年，联合国教科文组织开始推动“世界的记忆”项目。该项目的目的是在世界范围内，在不同水准上，用现代信息技术使文化遗产数字化，以便永久性地保存，最大限度地使社会公众能够公平地享有文化遗产。该项目反映出，在世界范围内迅速发展的“信息技术”开始对文化遗产的保护与开发工作产生了影响。美国、法国、日本、英国、欧盟等一些国家和组织也相继启动了文化遗产数字化的项目。比较典型的就是美国斯坦福大学利用三维激光扫描技术实施“数字化米开朗基罗”项目(Levoy et al,2000)，以及美国考古研究所和匹兹堡大学艺术史学的专家重建虚拟的庞贝博物馆等。我国在文化遗产数字化方面也有显著的成就，如敦煌洞窟文物管理部门与美国梅隆基金会签订了建立“数字化虚拟洞窟”的协议；中国故宫博物院和日本凸版印刷株式会社签订的共同进行“故宫文化遗产数字化应用研究”的合作协议；中国故宫博物院和北京建筑大学签订了“故宫古代建筑数字化测量”的协议。数字化天文馆与北京天文馆新馆建设、中华世纪坛的数字艺术馆建设、敦煌壁画的数字化与数字莫高窟建设、虚拟文化遗产保护和数字三峡博物馆、沉浸式虚拟环境在数字博物馆中的应用、成都永陵博物馆数字化建设规划等都在实践中；虚拟博物馆建设也在实验探索中。河南博物院西汉“四神云气图”壁画综合保护研究项目，采用三维激光扫描技术，对壁画破坏现状进行了记录，局部记录分辨率达到 0.5 mm；采用 Polyworks、3D Explorer、3ds Max 等软件对所获数据进行了后期数据分析，并完成了对壁画尺寸和局部破坏现状的高精度测量。

利用三维激光扫描技术，对文物实体进行数字化，对仅留残迹的古建筑、古遗址实施计算机三维图形模拟还原，再现原来风貌。利用计算机三维图形技术可以进行三维物体设计，应用于文物的复仿制工艺中，或用于文物三维模型重建、保存数据、辅助修复等，从而将文物的展示、保护提高到一个崭新的阶段，推动文博行业更快地进入信息时代，实现文物展示和保护的现代化。

2.5.2 空间信息技术领域

地球空间信息技术是当今世界各国研究的热点之一，信息的获取、处理及应用是其研究的三大主题。空间信息的快速获取与自动处理技术也是“数字地球”“数字城市”亟须解决的关键技术。如何快速、准确、有效地获取空间三维信息是许多学者深入研究的课题。

传统的测距测角工程测量方法，在理论、设备和应用等诸多方面都已相当成熟。新型的全站仪可以完成工业目标的高精度测量，卫星定位系统可以全天候精确定位全球任何位置的三维坐标，但多用于稀疏目标点的高精度测量。对于目标点密集的物体及水下目标、目标点众多且处于运动状态的物体等，它们则显得无能为力了。

随着传感器、电子、光学、计算机等技术的发展，基于计算机视觉理论获取物体表面三维信息的摄影测量与遥感技术成为主流。在由三维世界转换为二维影像的过程中，不可避免地会丧失部分几何信息。因此从二维影像出发理解三维客观世界，存在自身的局限性。目前采用的数字摄影测量技术，在自动提取地表的高程等几何信息方面取得了较大的进展，但对于大量的人文景观（如建筑物、道路、桥梁等），由于其结构的复杂性和数据量太大，还没有一个较好的解决方案。从航空遥感影像自动提取人工地物不仅是摄影测量与遥感领域的难题，也是计算机视觉与图像理解研究的重点之一。

三维激光扫描测量技术的发展为人们获取丰富的空间信息提供了一种全新的

技术手段。激光扫描技术与惯性导航系统(INS)、全球导航卫星系统(GNSS)、电荷耦合器件(CCD)等技术相结合，在大范围数字高程模型(digital elevation model，DEM)的高精度实时获取、城市三维模型重建、局部区域的地理信息获取等方面表现出强劲的优势，成为摄影测量与遥感技术的一个重要补充。

当前，国内外很多科研院校正在加快进行三维激光影像扫描技术的基础理论和技术应用方面的研究。为促进激光扫描技术的发展和加强在这方面的交流，国际摄影测量与遥感学会(ISPRS)第三委员会工作组将研究的主体定为从激光扫描仪和其他传感器获取的点云数据处理，国际摄影测量与遥感学会第五委员会工作组将研究的主体定为地面激光扫描仪。国际摄影测量与遥感学会定期举行会议，加大系统开发者、数据供应商和用户之间的交流，展示最近的研究成果，讨论以后的发展趋势和潜在的应用等。

20 世纪 90 年代，三维激光扫描仪在测绘领域成为研究的热点，其是从原始模型直接得到物体原始几何信息的主要数据采集途径。三维激光扫描仪与其他空间数据获取手段相辅相成，服务于人类。根据承载激光扫描仪平台的不同，三维激光扫描仪分为固定站式、机载、车载等类型。在机载激光扫描系统中，激光扫描测量系统与差分全球定位系统(Differential Global Positioning System，DGPS)、INS 系统以及 CCD 数字相机集成在一起，激光扫描测量系统获得地面三维信息，DGPS 系统实现动态定位，INS 系统实现姿态参数的测定，CCD 相机获得地面影像。机载激光扫描系统主要用于快速获取大面积的三维地形数据，实时、准确、快速地获取数字高程模型(DEM)。荷兰测量部门自 1988 年就开始从事使用激光扫描测量技术提取地形信息的研究。加拿大卡尔加里大学 1998 年进行了机载激光扫描系统的集成与实验，通过对所购得的激光扫描器与 GPS 和数据通信设备的集成实现了一个机载激光扫描三维数据获取系统，并进行了一定规模的实验，取得了理想效果。我国在 2000 年之后自主开发了机载三维成像仪，由卫星定位信号接收机、姿态测量装置、激光扫描测距仪、扫描成像仪 4 个主要部分构成。在地面测量系统中，将激光扫描测量系统搭载到固定平台上，在空间目标三维重建中可发挥重要作用，主要用于城市三维重建和局部区域地理信息获取。日本东京大学 1999 年进行了地面固定激光扫描系统的集成与实验，Zhao 等学者在 1999 年将两台互相垂直的二维激光扫描仪固定到了汽车上，当汽车沿着道路前进时，扫描仪同时将道路两侧建筑物表面的点云数据记下，这便可以快速恢复更大一级(如街区、城市)的场景模型。国内也有很多类似研究和应用，如山东科技大学研究的近景目标三维信息获取系统，以汽车作为移动平台，集成了 CCD 相机、激光扫描仪、卫星定位信号接收机及系统控制器，依托工控机及单板机实现对传感器参数的设置、启闭控制、数据传输与记录，可实现动态、快速、实时地获取周围目标的地理信息，并由此

实现近景目标三维信息提取和城市空间建模。三维激光扫描技术在空间信息领域正如火如荼地进行着，并随着计算机图形学、光学、电学等相关技术的发展，以及从点云数据重建三维模型数据处理方法的日益完善，更好地服务于人类，满足人们的要求，提高人民的生活水平。

2.5.3 其他领域

随着三维激光扫描技术、三维建模的研究以及计算机硬件环境的不断发展，其应用领域日益广泛，逐步从科学研究发展进入了人们日常生活的领域。

在制造业中，基于三维激光扫描仪数据的快速原型法为产品模型设计开发提供了另一种思路，缩短了设计和制造周期，降低了开发费用，极大地满足了工业生产的需求，它与虚拟制造技术(virtual manufacturing)一起，被称为未来制造业的两大支柱技术，目前已成为各国制造科学研究的前沿学科和研究焦点。在牙齿矫正和颅骨修复等医疗领域，利用三维激光扫描技术进行三维数据重构和造型。基于三维激光扫描仪重建的三维模型，可直接应用到国防单位、法律执行机关及政府机构等安全辨认上。在电脑游戏业方面，制作者尽量追求游戏的真实和画面的华丽，于是三维游戏应运而生，从人物到场景，利用三维激光扫描仪获取数据构建三维场景，不但具有很好的视觉效果和冲击力，而且人物设计及豪华的三维场景刻画极为精致细腻，对比以前比较呆板的二维游戏，其在真实性和吸引力上的优势是显而易见的。在电影特技制作方面，也有着广泛的应用，演员、道具等由扫描实物建立计算机三维模型后，许多危险的镜头只需要在计算机前操作鼠标就可以完成，而且制作速度快、效果好。最近几年，三维建模技术运用于电影制作取得了令人惊异的进展。在现代施工测量方面，如在进行某项工程设计中，建立计算机仿真平台，来验证设计方案的可行性，以及对此操作的成功率指标进行评估，通过仿真还可以对设计方案和有关参数进行验证和修正，不仅可以提高设计计划的成功率，而且可以节省设计的时间和资金。另外，在厂矿竣工测量、精密变形监测等方面均有应用。

三维激光扫描技术的介入促进了应用领域的发展，同时应用领域的大量需求成为三维激光扫描技术研究的动力。

第3章　三维激光点云模型构建

利用三维激光扫描仪采集数据之后，就可以利用相应的方法进行数据处理。本章重点介绍三维激光扫描数据预处理的相关技术、算法及操作，如点云数据的去噪、平滑、配准和融合等，建立点云模型，为后续数据处理提供精确可靠的点云数据。

3.1　点云去噪

三维激光扫描仪进行数据采集时，采集的点云数据不可避免要包含各种因素产生的噪声。依据扫描过程中产生噪声机制的不同，可以将噪声分为系统噪声、目标噪声和环境噪声三大类：系统噪声是指数据采集过程中，激光雷达旋转造成的抖动、接收信号的信噪比、激光束宽度、激光发散、激光波长、接收器反应、电子钟准确度等引起的数据噪声；目标噪声则是指因目标表面材料反射激光信号差而导致的噪声，还有一部分噪声是扫描到对象边界时产生的小角度回波不稳定或经过多次反射接收到信号（多路径效应）等因素引起的；环境噪声则是指扫描过程中，杂散光和背景光的干扰、运动目标的干扰、非扫描目标混杂在扫描目标中等因素引起的数据噪声。

点云的噪声去除是点云预处理的关键操作之一，噪声去除的目标即是要去除不相关目标，得到“干净”的目标点云。一般来说，系统噪声与扫描仪相关，主要由扫描仪厂商通过扫描设备内置软件进行修正去除。本书重点介绍点云的环境噪声与目标噪声的去除。

在实际数据处理中，一般按照不同尺度的噪声进行滤除。首先对数据环境噪声进行去除，环境噪声去除后可以降低分析数据的范围和数据量，然后再去除目标噪声即可。

在环境噪声去除中，绝大多数都是依靠手工去除的办法来进行。Hawkins 等(2002)给孤立点集做了一个粗略的定义：“Observations that deviate so much from other observations as to arouse suspicion that it was generated by a different mechanism.”激光点云的噪声就类似于扫描中的这些孤立点集。在大场景目标扫描时，一般对象数据和环境噪声数据都会在空间上有一定的距离分隔，形成不同尺度集合的孤立点集，这些可以通过空间栅格分析来进行自动化噪声过滤。实际上，

一切与扫描目标不相干的点集都是扫描过程的“副产品”，这些点集都可以视为噪声。

没有任何一种通用的算法可以直接过滤掉所有的目标噪声。本书去除目标噪声，采用由远及近、由小到大的策略进行半自动化噪声滤除：首先，扫描对象边缘远处的目标返回点，通过距离阈值来进行滤除；其次，对扫描区域内数据做空间栅格划分并进行聚类点集，将小尺度目标去除，对于扫描区域内的移动目标，此类点集一般是线性特征，采用孤立线性点集的自动滤除算法来实现。

对于比较明显的噪声数据如突起点（spike）或孤立点（isolated point），这些点一般都是孤立于点云数据之外，可利用矩形框选或任意多边形选择工具手工剔除这些点，如图 3.1 所示。

图 3.1　手动删除噪声数据

由于三维激光扫描仪获取的点云数据量比较大且目标噪声一般在目标点云的表面，一般可利用系统自动判断的方法进行处理。目前自动消除噪声数据的常用方法是曲率法、弦高法和距离值法等。它们共同的思路是基于给定的阈值，大于阈值的点数据则判断为异常点。不同的是它们选取的度量值不同：曲率法采用点与相邻点之间的矢量夹角判断，如图 3.2(a)所示；弦高法采用点到相邻点连线的距离判断，如图 3.2(b)所示；距离值法采用点到利用相邻点拟合的直线段或平面之间的距离进行判断，如图 3.2(c)所示。

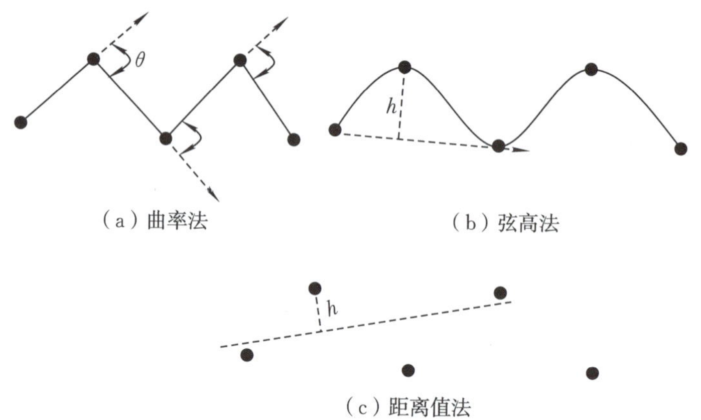

图 3.2 系统自动去噪度量值

在软件中一般采用敏感点分析或者相关算法实现,如在 Geomagic 软件中对一栋建筑进行表面椒盐噪声分析,结果如图 3.3 所示。

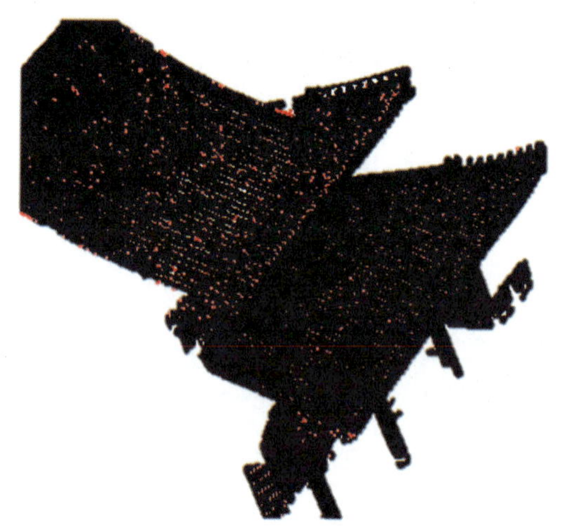

图 3.3 系统自动剔除噪声点

3.2 点云平滑

点云数据在采集过程时可能产生少量的随机误差,可采用平滑算法对随机误差进行平均,得到比较光滑分布的点云数据。平滑算法会对原始扫描点做变动,如果控制不当会使某些模型的重构产生失真现象。此类平滑算法主要有平均值法、投影法、高斯算法等。点云数据平滑前后对照如图 3.4 所示。

平均值法是用点的相邻点三维坐标的平均值取代原来的点。假设 X_i 有 n 个邻近点，点坐标记为 X_{ij}，其中 j 表示 X_i 的第 j 个邻近点，则平滑后的点坐标 X'_i 为 $X'_i = \sum_{j=1}^{n} X_{ij}/n$。投影法是点到相邻点拟合的平面的投影点取代原来的点。高斯算法是用高斯滤波器将高频的噪声滤除达到平滑的效果。

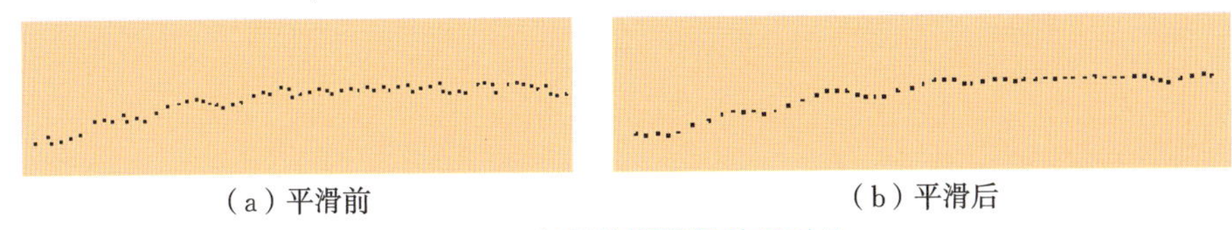

（a）平滑前　　（b）平滑后

图 3.4　点云数据平滑前后对比

模型重建后，如果前期的点云数据噪声滤除不很完善，则模型中不可避免地会存在一些尖锐特征，使得模型不那么平滑，因此需要对三维模型进行平滑处理。目前比较流行的平滑方法有拉普拉斯平滑方法、$\lambda \mid \mu$ 平滑方法（Taubin，1995）和基于平均曲率流的平滑方法（Desbrun et al，1999）。

1. 拉普拉斯平滑方法

用 $L(P)$ 记为拉普拉斯算子，通过集成时间维，平滑过程的传播方程可写为

$$\frac{\partial P}{\partial t} = \lambda L(P) \tag{3.1}$$

式中：λ 为一个小的正数调节因子，且 $0<\lambda<1$，控制网格平滑的速度。通过这个传播方程，平滑含噪声的点云数据。在三角网模型中，对于每个点，其拉普拉斯算子可近似为

$$L(P) = \frac{\sum_{i=1}^{m} \omega_i P_i}{\sum_{i=1}^{m} \omega_i} - P \tag{3.2}$$

式中：P_i 为 P 点的第 i 个邻域点，共有 m 个邻域点。离散形式下，三角网模型中平滑传播方程的更新规则为式（3.3），这就是经常被提及的拉普拉斯平滑方法，即

$$P^{(j+1)} = P^{(j)} + \lambda L(P^{(j)}) \tag{3.3}$$

式中：$P^{(j)}$ 表示第 j 次平滑去噪后点 P 的空间位置。

三角网模型利用拉普拉斯平滑方法时，点集递归移动到其邻域点重心位置。权的选择也有多种，如权可以为 1，也可以是边 PP_i 长度的倒数。操作运算在时间和空间上是线性的，所以速度比较快。但如果 λ 不够小，可能会使模型表面产生振荡。当对比较大的三角网模型平滑时，平滑操作比较费时。而且，如果初始模型不是规则采样，拉普拉斯平滑后可能会产生不期望的变形，如表面收缩等。

2. λ | μ 平滑方法

Taubin(1995)引入信号处理的知识，通过对二维离散表面信号进行典型离散傅里叶分析，提出一种加权的拉普拉斯平滑方法实现高斯滤波，具有两个符号相反的比例系数，且负值的范数较大一些。此方法通过增加一个负收缩因子，将拉普拉斯平滑引起的负收缩因子再放大回去，在一定程度上控制了调整后模型的变形。离散形式下的更新函数如下

$$P^{(j+1)}=P^{(j)}-(\mu-\lambda)L(P^{(j)})-\mu\lambda L^2(P^{(j)}) \tag{3.4}$$

其中，$\mu>\lambda>0$，$L^2(P)$ 为

$$L^2(P)=\frac{\sum_i \omega_i L(P)}{\sum_i \omega_i}-L(P) \tag{3.5}$$

虽然这种方法克服了拉普拉斯平滑方法的缺陷，但仍然存在一些不足，如缺少局部形状控制策略，有时可能会平滑掉一些细小特征。而且，在不规则采样情况下，平滑时可能会导致几何变形和计算的不稳定。

3. 基于平均曲率流的平滑方法

Desbrun 等(1999)提出一种基于平均曲率流的平滑方法。他指出，在连续状态下，基于平均曲率流的平滑方法是以速度等于平均曲率并沿表面法方向平滑表面，表达式为

$$\frac{\partial P}{\partial t}=-H(P)n(P) \tag{3.6}$$

式(3.6)经离散化后，平滑传播方程为

$$P^{(j+1)}=P^{(j)}-H(P^{(j)})n(P^{(j)}) \tag{3.7}$$

如果初始三角网模型中含有尖锐边，则采用这种各向同性的方法去噪将平滑掉这些几何特征。为保证重要特征不会被平滑掉，Desbrun 等(2000)根据主曲率判断边缘特征，对基于平均曲率流的平滑方法进行改进，平滑传播方程变为

$$P^{(j+1)}=P^{(j)}-wH(P^{(j)})n(P^{(j)}) \tag{3.8}$$

其中，权 w 的定义方法如下

$$w=\begin{cases}1 & \text{若}\ |\kappa_1|\leqslant\tau\ \text{且}\ |\kappa_2|\leqslant\tau \\ 0 & \text{若}\ |\kappa_1|>\tau\ \text{且}\ |\kappa_2|>\tau\ \text{且}\ K>0 \\ \kappa_1/H & \text{若}\ |\kappa_1|=\min(|\kappa_1|,|\kappa_2|,|H|) \\ \kappa_2/H & \text{若}\ |\kappa_2|=\min(|\kappa_1|,|\kappa_2|,|H|) \\ 1 & \text{若}\ |H|=\min(|\kappa_1|,|\kappa_2|,|H|)\end{cases}$$

式中：τ 是预先给定的阈值。虽然这种方法效果好于拉普拉斯平滑方法，而且它独立于采样点频率，但它可能会产生过渡平滑。因此，很多学者又在此方法基础上进

行了改进。

总体来说，每种平滑方法都有它的优缺点，在实际应用中，应根据数据的特点，选用相应的平滑策略。一种好的平滑策略应在平滑噪声的同时保持有效几何特征，尤其是细小特征。在兼顾效率和速度两个方面的同时，本书在基于平均曲率流方法的基础上，提出带权张量平滑去噪方法，即用带权张量取代平均曲率，它以速度等于带权张量并沿着表面法方向平滑表面，相应的传播方程为

$$\frac{\partial P}{\partial t}=\lambda F(P)n(P) \tag{3.9}$$

离散化后为

$$P^{(j+1)}=P^{(j)}+\lambda F(P^{(j)})n(P^{(j)}) \tag{3.10}$$

式中：$F(P)$ 为由点 P 至所有邻近点的向量在它法向量上的张量计算，即

$$F(P)=\sum_{i=1}^{m}w_i(P_i-P)n(P) \tag{3.11}$$

为防止一些特征被平滑掉，如尖锐特征等，这里定义了线段曲率的概念，如图 3.5 所示。线段曲率为两点法向角度的变化与线段长度的比值，即

$$k(PP_i)=\frac{n(P)n(P_i)}{\|P_i-P\|} \tag{3.12}$$

式(3.11)中：权 w_i 满足 $\sum_{i=1}^{m}w_i=1$，它的选取与线段曲率有关，线段曲率越大，权值越小，反之亦然。

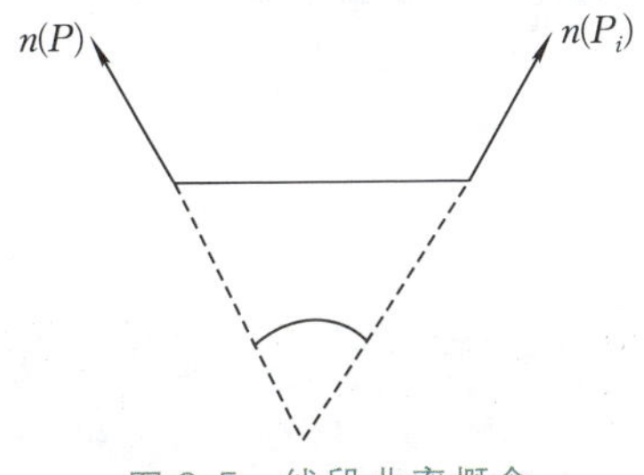

图 3.5　线段曲率概念

基于平均曲率流的平滑方法最大的一个缺点就是在平滑过程中没有一种判断机制，可能会产生过渡平滑。本书增加了一个平滑条件，防止过渡平滑，即

$$\max|F(P^{(j)})|<\varepsilon \tag{3.13}$$

式中：ε 为一指定阈值，如果 j 次平滑后，最大带权张量的绝对值小于 ε，则停止平滑，否则继续进行 $j+1$ 次平滑操作。

点云经三角网格化后未经平滑去噪处理的数据如图 3.6 所示，点云经拉普拉斯平滑方法处理后的数据如图 3.7 所示，点云经带权张量平滑方法处理后的数据

如图 3.8 所示。

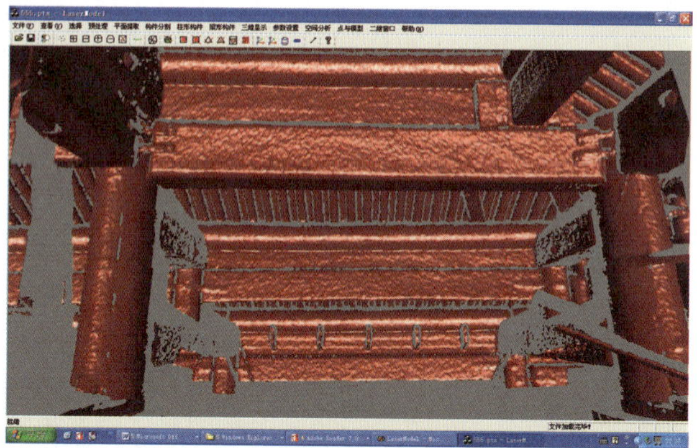

图 3.6　点云经三角网格化后未经平滑去噪处理的数据

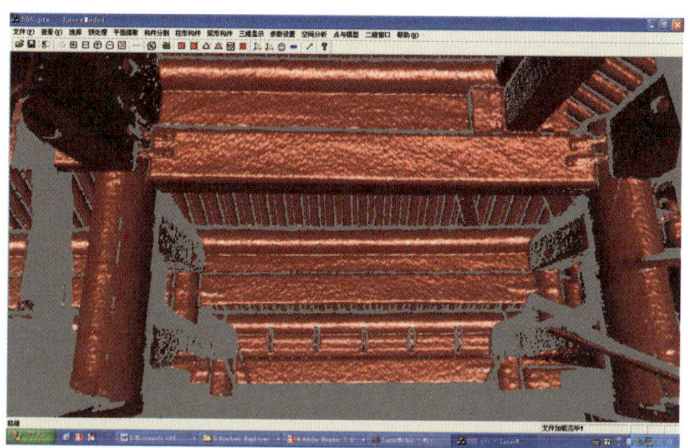

图 3.7　点云经拉普拉斯平滑方法处理后的数据

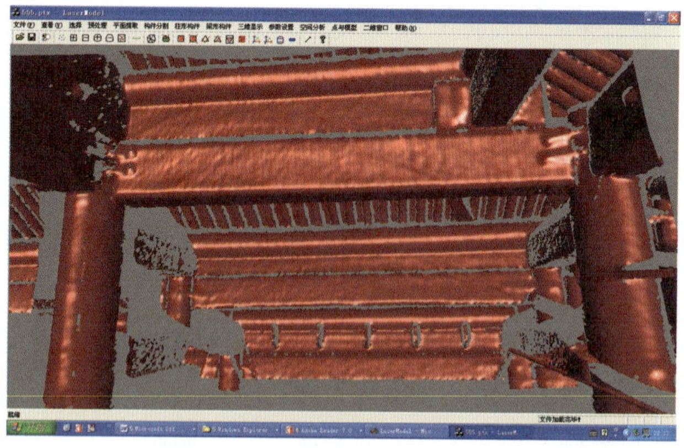

图 3.8　点云经带权张量平滑方法处理后的数据

还有一些学者采用模型细分的方法提供模型的平滑度(Overveld et al,1997),如图 3.9 所示。

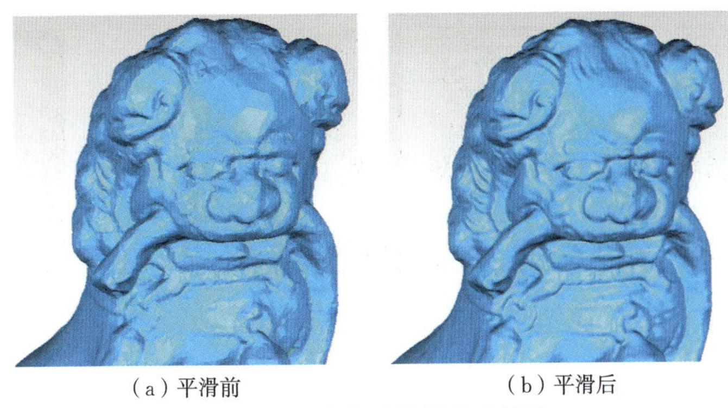

(a) 平滑前　(b) 平滑后

图 3.9　细分方法平滑模型效果

3.3　数据配准

3.3.1　数据配准的原理

对于任何一个非“点”的空间对象,我们都不可能通过一个视角来观察到目标的全部。地面激光扫描仪测量也类似于人眼的观察视野,因此扫描测量空间对象时,需要从不同的角度和位置对目标对象进行扫描,每站获取的数据是以三维激光扫描仪中心为原点的局部坐标系,最后得到的结果是多幅独立视图的点云数据。配准就是将所有具有独立视角(坐标系)的点云数据,通过某些共同的特征拼接转换到一个共同的基准坐标系下,构成完整的空间对象模型的过程。多幅距离影像的配准如图 3.10 所示。

配准的目的是求出从测站坐标系到参考坐标系下的坐标转换参数,即 3×3 旋转矩阵 $\boldsymbol{R}$ 和三维平移向量 $\boldsymbol{t}$。设 (x_p, y_p, z_p) 为 p 点在测站坐标系下的坐标,(x'_p, y'_p, z'_p) 为 p 点在参考坐标系下的坐标,则 p 点在这两个坐标系下的坐标满足如下关系式

$$[x'_p \quad y'_p \quad z'_p]^{\mathrm{T}} = \boldsymbol{R}[x_p \quad y_p \quad z_p]^{\mathrm{T}} + \boldsymbol{t} \tag{3.14}$$

配准参数计算出之后,需对其值进行精度评定,可利用均方差 RMS 进行评价,其表达式为

$$RMS = \sqrt{\frac{1}{n}\sum_{i=1}^{n}\left\| [x'_{p_i} \quad y'_{p_i} \quad z'_{p_i}]^{\mathrm{T}} - \boldsymbol{R}[x_{p_i} \quad y_{p_i} \quad z_{p_i}]^{\mathrm{T}} - \boldsymbol{t} \right\|^2} \tag{3.15}$$

配准完成后，才能获取空间对象完整的点云模型，为下一步应用提供数据，配准的精度也直接影响后期成果的精度，因此需要保证点云数据配准的精度。

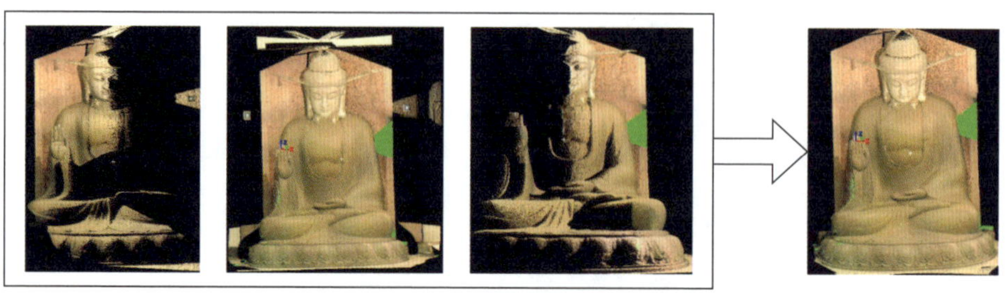

图 3.10　多站点云数据的配准

3.3.2　数据配准的方法

将数据点集看作一个刚体（数据点运动时只存在坐标变化，不产生形状变化），两个数据点集的配准属于空间刚体移动，因此多视数据配准可看作空间两个刚体的坐标转换，问题归结为求解相应的转换矩阵，即移动矩阵 $\boldsymbol{T}$ 和旋转矩阵 $\boldsymbol{R}$。

点云数据的配准方法有多种：一种是直接配准，即从点云数据直接出发寻找公共部分进行配准，比较典型的是迭代最近点（iterative closet point algorithm，ICP）算法；另一种是利用相关的控制条件或者对参与配准的点云数据进行局部几何特征提取，然后根据各个影像中的同名特征计算配准参数，称为特征配准法；还有前两种方法的综合配准方法、多视数据的整体配准方法等。

1. 迭代最近点配准

1992 年，计算机视觉研究者 Besl 和 Mckay 在四元数基础上，提出了一种高层次的基于自由形态曲面的配准方法，也称为迭代最近点（ICP）算法（Besl et al，1992）。

ICP 算法使用了七参数向量 $\boldsymbol{X}=[q_0 \quad q_x \quad q_y \quad q_z \quad t_x \quad t_y \quad t_z]$ 作为旋转和平移的表示方法，其中 $q_0^2+q_x^2+q_y^2+q_z^2=1$（即单位四元数条件）。令迭代原始采样点集为 P，对应曲面模型为 S，距离函数定义如下

$$d(P,S)=\min_{x\in S}\|x-p\| \tag{3.16}$$

式中：$p\in P$；P 到曲面 S 的最近点与曲面 S 之间的距离即是 P 到 S 的距离。

1）ICP 算法配准的方法及步骤

设定参数向量 $\boldsymbol{X}$ 的初始值 $\boldsymbol{X}_0=[1\ 0\ 0\ 0\ 0\ 0\ 0]^{\mathrm{T}}$，模型 S 采样点集为 $\boldsymbol{X}_0$。ICP 配准的步骤如下：

（1）由点集中的点集 P_k，在曲面 S 上计算相应最近点点集 $\boldsymbol{X}_k$。

（2）计算参数向量 $\boldsymbol{X}_{k+1}$，该项计算通过点集到点集的配准过程完成。得到参

数向量 $\boldsymbol{X}_{k+1}$ 后，计算距离平方和值为 d_k。

(3)用参数向量 $\boldsymbol{X}_{k+1}$，生成一个新的点集 P_{k+1}，重复第(1)步。

(4)当距离平方和的变化小于预设的阈值 τ 时就停止迭代，停止迭代的判断准则为 $d_k - d_{k+1} < \tau$。

ICP 配准过程中，计算过程代价最大的即是第(1)步计算最近点集的过程，因此，ICP 算法配准的关键在于不同视场下公共点集的求取。ICP 算法存在以下一些问题：首先，ICP 算法对配准点集的初始位置要求比较严格，当点集位置相差较大时候，算法可能单调收敛到局部最小，这种情况下，ICP 算法获得的解便不是全局最优解。其次，ICP 算法要求其中一个曲面上的每一个点在另外一个曲面上都有对应点，只有这样才能使两幅待配准点云数据在整体上达到某种度量准则下的最优配准，一个曲面是另一个曲面的严格子集。然而，点云数据彼此之间仅仅是部分重叠，只能近似满足 ICP 算法的应用条件。

2)ICP 算法改进

近几十年来，研究学者对 ICP 算法进行了不同的改进，可以归结为以下几类方法：

(1)加快最近点搜索。20 世纪 90 年代，Bergevin 等(1996)提出了搜索最近点的精确配准方法——point to plane 搜索法。这种方法是根据源曲面上的一个点 p，在目标曲面上找出对应于 p 点最近的 q' 点，如图 3.11 所示。

Rusinkiewiez 等(2001)提出了搜索最近点的快速配准方法——point to projection 搜索法，如图 3.12 所示。图中 Q_q 是扫描目标曲面的透视点的位置，该方法是根据源曲面上的一个点 p 和透视点 Q_q，在目标曲面上找出 q 点作为对应于 p 点的最近点，即把 Q_q 点向 p 点方向的投影线与目标曲面的交点 q，作为搜索的最近点。

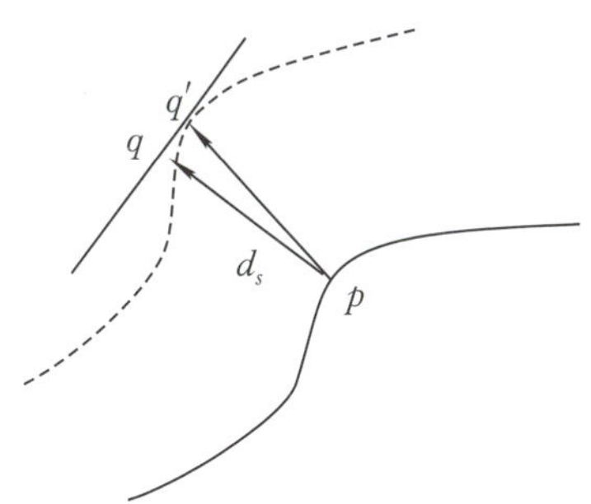

图 3.11 point to plane 搜索法

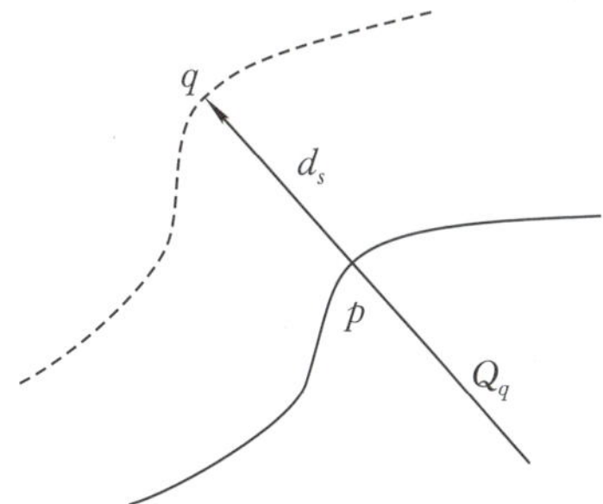

图 3.12 point to projection 搜索法

(2)减少参与配准点数。这种思路通过选取部分点代替全部点进行配准,可以分为两种方法:第一种方法,采用粗配准到精配准的二级配准方法,先将整体的点集数据中的一部分用于粗略位置配准,在此基础上再将全部的点进行高精度配准(Turk et al,1994;Rusinkiewiez et al,2001);第二种方法,则是通过控制点,如用法线和平面交点作为控制点去匹配点集,或是选取最接近栅格中心的点作为特征点进行同名特征配准(李玉敏,2008),这种方法配准的速度和精度依赖于选点策略和目标点集初始位置等因素,具有一定限制性。

(3)基于点对的剔除。基于点对的剔除即引入适当的准则或约束以去除错误对应点对。点对剔除的策略之一是利用点云的反射强度及色彩信息,Andreetto等(2004)提出了利用模型纹理信息进行自动配准的方法,Akca(2005)依据曲面反射率对曲面进行配准,然而大部分点集数据并不具备纹理信息,从不同视角获取的目标反射强度也有差别,因此这种策略局限性强。更多的策略则是基于点云自身的几何特性来进行点对剔除。在不同视角下,被测物体表面的曲率及法矢信息不变,Godin 等(1995)提出一种迭代最近点(iterative closest compatible point, ICCP)算法,使用候选对应点间的曲率和法矢的夹角判断点对的兼容性,保留夹角小于阈值的点对进行配准;Guehing(2001)使用了距离和法矢两种参数结合作为判断依据,当距离小于阈值且法矢方向偏差小于阈值时候认为点对可靠并参与配准;其他还有很多依据对象欧氏空间不变量(曲率、矩不变量等)、方向约束等进行点对剔除(Kase et al,1999;Sharp et al,2002;Liu et al, 2006)。

以上各类改进方法都是相对独立的,针对不同的情况对 ICP 算法做了调整。总体来说,当配准的点集足够密集且初始位置很好的时候,ICP 算法能够精确实现目标配准。

2. 基于几何特征的配准

一般的几何特征包含点、线、面三大类。基于几何特征的配准在大型复杂场景的三维地面扫描中应用广泛,相对于类似 ICP 算法等的点云迭代算法,用几何特征进行配准有如下几个优势:

(1)地面激光扫描获取数据量大,直接用点云迭代算法耗时长。相反地,大型场景中往往存在多种几何特征,方便几何特征约束提取,实际中采用几何特征配准更直接简便。

(2)点云数据密度变化大,重叠区域采用点对点可能误差大,特征配准不存在这些问题。

(3)扫描死角多,重叠区域少。大场景扫描中往往遮挡严重,有时候需要控制点来连接。在复杂的古建筑测量中,如梁架与地面部分由天花板隔开,建筑内外连接,都需要控制点约束进行配准。

(4)配准站点多,用点云数据配准时容易造成误差累积(程效军 等,2009)。因此,大型场景的扫描中,一般需要布设控制网,将三维激光扫描技术与传统的控制测量联合起来。

一般来说,几何特征是多个扫描点拟合得到的,能够摒弃或者大大削弱单点的随机误差。当拟合特征精度足够时,模型特征能够充分代表测量的精度,而大型场景中往往可以很方便地提取出模型同名约束来,这些约束包含点、线、面几大类。

1)点特征

点特征主要包含两大类:一种是目标自身的特征点,如角点、顶点等几何点,这些点需要通过手工拟合或半自动提取手段获取;一种是人工布设标志点,如测量控制点、扫描标靶、控制球等。人工布设标志点在地面激光扫描中广泛使用,以徕卡的扫描仪为例,图 3.13(a)为 HDS3000 扫描仪标靶,其白色靶心为高反射率材料,中心有磁芯,可以精确获取中心点,在适宜的扫描距离内标称点位精度在 2 mm 以内;图 3.13(b)为 HDS4500 扫描仪标靶,靶上设置的灰白间隔的标志差异明显,精密扫描后通过灰度识别,可以精确获取中心。其他扫描仪也都有各自配套的标志。

其他标志中,以定标球应用最为广泛,其优点就是球体无须旋转,在各个方向观测到的定标球都能够得到球冠,加上定标球的直径一般都是已知的,在实际中拟合球心的精度比较高,可以精确地用点约束进行配准。如图 3.13(c)所示的球,球径偏差在 1 mm 以内,对激光反射良好,在实际数据配准中,球的拟合直径精度也可以达到 2 mm。

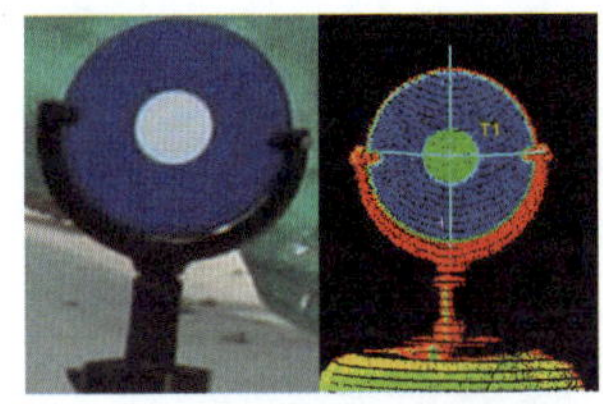

(a) HDS3000标靶

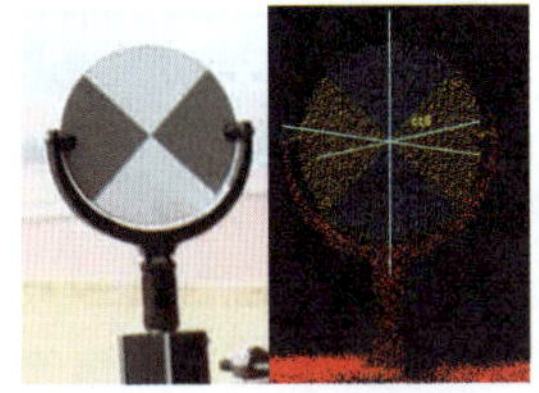

(b) HDS4500标靶

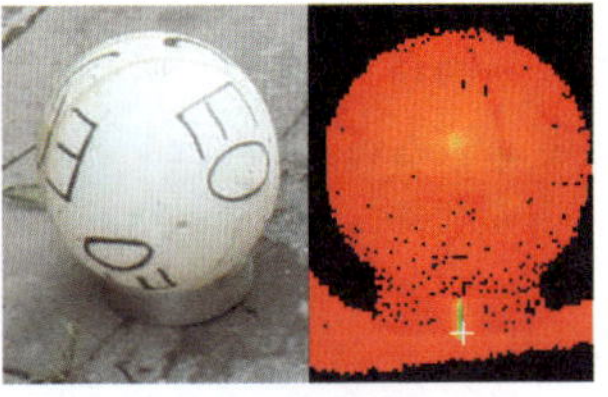

(c) 定标球

图 3.13 常见的点测量标志

为了能将激光扫描测量与传统控制测量结合起来,很多学者也研究了一些方法,如图 3.14 所示,左侧为控制扫描标靶,右侧为标靶贴上 Leica TCA2003 全站仪的反射片,通过两种不同的方法,将扫描仪与传统测量的控制坐标联系起来,可以实现传统测量与三维激光地面扫描控制的坐标统一。

构建点特征误差方程时,对于同一物体上观测到的同名点 p,假定观测的同名坐标为 $\boldsymbol{X}_0$、$\boldsymbol{X}$,以测站 1 为基准,两者存在如下变换关系

$$\boldsymbol{X}_0 = \boldsymbol{R}\boldsymbol{X} + \Delta\boldsymbol{X} \tag{3.17}$$

设 $\boldsymbol{A}=\begin{bmatrix} 0 & -\bar{z}_0-\bar{z} & -\bar{y}_0-\bar{y} \\ -\bar{z}_0-\bar{z} & 0 & \bar{x}_0+\bar{x} \\ \bar{y}_0+\bar{y} & \bar{x}_0+\bar{x} & 0 \end{bmatrix}$，$\boldsymbol{t}=\begin{bmatrix} a \\ b \\ c \end{bmatrix}$，$\boldsymbol{L}=\begin{bmatrix} \bar{x}_0-\bar{x} \\ \bar{y}_0-\bar{y} \\ \bar{z}_0-\bar{z} \end{bmatrix}$。旋转参数的误差方程可以表示为

$$\boldsymbol{V}=\boldsymbol{At}-\boldsymbol{L} \tag{3.18}$$

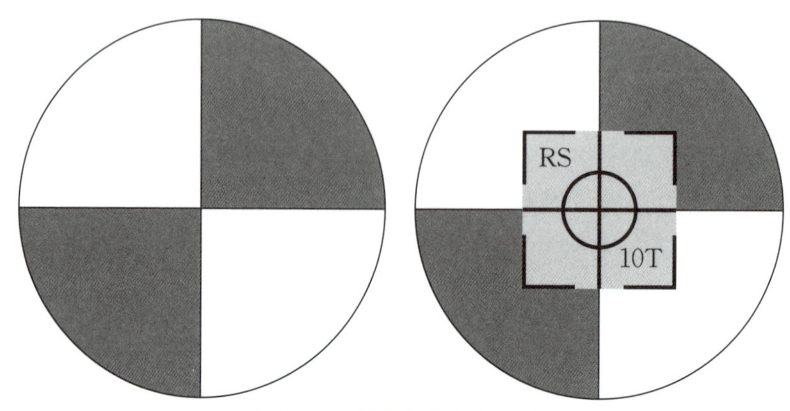

图 3.14　标靶与控制点联系

将求解的罗德里格参数构造矩阵 $\boldsymbol{R}$ 后，平移参数的误差方程如下

$$\boldsymbol{V}=\Delta\boldsymbol{X}-(\boldsymbol{X}_0-\boldsymbol{RX}) \tag{3.19}$$

由方程式可知，基于点的配准至少需要 3 对不在一条直线上的同名点对才能实现。点约束的配准误差一般采用配准点对在空间 3 个方向的偏差以及其空间欧几里得距离 $\mathrm{d}S(\Delta x,\Delta y,\Delta z)$ 表示。点约束的误差距离计算如下

$$\mathrm{d}S=\sqrt{(\Delta x^2+\Delta y^2+\Delta z^2)} \tag{3.20}$$

2)平面与线状特征

平面与线状特征在扫描场景中更为常见。人工建筑的表面有很多平面特征，有部分大型目标虽然整体呈不规则形状，但是局部仍可视为平面特征，可以直接通过平面特征拟合获取约束。线状特征主要包括建筑物中的柱体的轴心线、棱线等线性特征，一般通过拟合平面交线或者柱体轴心线来获取。

如图 3.15 所示，故宫太和门某一站点的点云，图中的柱子和梁面都可以作为配准的特征约束来进行拟合提取。由于现实中这些表面并不是完全规则的几何体，因此拟合约束时需要尽量保证约束的空间位置一致性，这样可以保证配准特征的一致性，提高特征配准的精度。

其他特征约束都可以归化到这三类中。特征提取算法主要包括球面、平面、柱面的拟合算法。值得注意的是在最小二乘法拟合球面时，当点云坐标较小的时候，

球的拟合精度比较高。但是当点云坐标值非常大的时候(和实际工程坐标统一后常常会加上一个大的常数),拟合误差非常大,一般都是先将坐标平移到一个小坐标系拟合,然后将拟合后的目标平移回原坐标系中。

图 3.15 面状与线状约束

在构建误差方程时,设平面的法向或线的方向向量为 $\boldsymbol{F}(f_x,f_y,f_z)$,重心为 $\boldsymbol{X}$,那么线或面特征 $\boldsymbol{P}$ 可以表示为 $\boldsymbol{P}(\boldsymbol{F},\boldsymbol{X})$。对于一对同名几何线或面特征 $\boldsymbol{P}_0(\boldsymbol{F}_0,\boldsymbol{X}_0)$、$\boldsymbol{P}(\boldsymbol{F},\boldsymbol{X})$ 有两个约束关系,第一个约束关系是法向平行,表达式如下

$$\boldsymbol{F}_0-\boldsymbol{R}\boldsymbol{F}=0 \tag{3.21}$$

同样设 $\boldsymbol{A}_f=\begin{bmatrix}0 & -f_{0z}-f_z & -f_{0y}-f_y\\ -f_{0z}-f_z & 0 & f_{0x}+f_x\\ f_{0y}+f_y & f_{0x}+f_x & 0\end{bmatrix}$,$\boldsymbol{t}=\begin{bmatrix}a\\ b\\ c\end{bmatrix}$,$\boldsymbol{L}_f=\begin{bmatrix}f_{0x}-f_x\\ f_{0y}-f_y\\ f_{0z}-f_z\end{bmatrix}$。

则方向观测误差方程表示为

$$\boldsymbol{V}=\boldsymbol{A}_f\boldsymbol{t}-\boldsymbol{L}_f \tag{3.22}$$

求解完 $\boldsymbol{X}$ 可以构造出旋转矩阵 $\boldsymbol{R}$。

第二个约束为特征 $\boldsymbol{P}(\boldsymbol{F},\boldsymbol{X})$ 的重心 $\boldsymbol{X}$ 在平面 $\boldsymbol{P}_0(\boldsymbol{F}_0,\boldsymbol{X}_0)$ 上,表达式如下

$$\boldsymbol{F}_0(\boldsymbol{R}\boldsymbol{X}+\Delta\boldsymbol{X}-\boldsymbol{X}_0)=0 \tag{3.23}$$

得到平移参数的误差方程如下

$$\boldsymbol{V}=\boldsymbol{F}_0\Delta X-\boldsymbol{F}_0(\boldsymbol{X}_0-\boldsymbol{R}\boldsymbol{X}) \tag{3.24}$$

3. 综合配准

前面介绍了单个类型约束的配准方法,实际中除了直接配准法外一般都需要多种约束综合起来,共同参与配准。多幅距离影像之间的约束关系存在多种情况。相邻影像之间存在约束关系,可能是一对一的约束关系,也可能是一幅影像和几幅影像之间存在的约束关系。相邻影像之间的约束关系至少要满足一些基本条件才能够参与整体配准。

在综合配准中，假设参与的点条件数为 n，方向条件为 m，那么要进行配准的两幅距离影像的约束条件数至少满足 $m+n\geqslant 3$ 才能够完成配准，有多余的条件就可以参与平差，提高配准精度。

特征配准与直接配准进行综合，就是多级配准的方法。将距离影像的配准分为粗配准和精确配准两部分，首先特征配准作为粗配准得到距离影像相对的初始状态，然后利用 ICP 算法做精确配准。由于经过特征配准以后两幅距离影像的初始位置已经相当接近，这样在执行 ICP 算法时，算法搜索同名点的范围可以大大缩小，加速 ICP 算法的收敛速度，提高距离影像配准的精度和速度。

4. 多视数据的整体配准

多站距离影像的整体配准，就是将所有参与配准的多站距离影像根据其相互之间的约束关系，一次性转换到一个统一的坐标系下，形成一个整体的距离影像模型的过程。

多站距离影像整体配准实际上以间接平差原理为理论基础，在配准中将所有特征约束作为观测值，将每一幅距离影像的空间转换参数以及部分未知约束作为待定参数进行整体的间接平差。求解待定方位元素和未知控制点平差值后，利用求解的空间转换参数直接对各原始的距离影像进行空间变换就可以实现整体配准。

在进行多站距离影像的整体配准时，必须有高精度的控制约束作为基础，一般在扫描目标的周围布设控制网，在控制网的基础上获取距离影像。控制网坐标系的选择按照实际工程或项目需求来定，一般为测量坐标系、建筑坐标系或其他的局部坐标系。通过其他手段提取到精度较高的特征也可以作为配准的约束。

整体配准的基本流程包含控制文件采集、数据预处理、整体解算、结果输出 4 个部分。基本程序流程如图 3.16 所示。一般情况下，点约束条件通过观测的标靶点、控制点或者定标球的拟合直接获取其中心，都可以获得并按一定规则命名即可。当距离影像与相邻距离影像间点约束不足时，需要在两幅距离影像中寻找相同或位置相近的线性约束或者面约束，这些约束主要靠局部数据拟合求得。约束的数量要满足配准的基本条件，一般要多出一些约束用来平差或者检验，提高配准的精度。

对于大型场景的配准，整体配准的方法更加适用，一方面能将各类约束条件综合配准，另一方面能够提高配准的精度。但是在某些控制条件精度不高的情况下，在站点之间加上重叠的距离影像数据的约束，配准精度会提高一些，这值得进一步探讨。整体配准过程中，对各个约束的权值如何分配也是一个值得研究的问题。对于不同手段获得的约束条件，其本身精度存在差异，这些差异可以从配准结果中观察出来。拟合的控制条件精度不稳定，部分约束条件可能是由很少的数据点拟合得到，这样的约束在整体配准中应适当削减其权值，具体削减到什么程度才是最佳，需要进一步的探讨。如果能够找到各条件权值的标准，那么整体配准的精度和稳定性都能够提高。

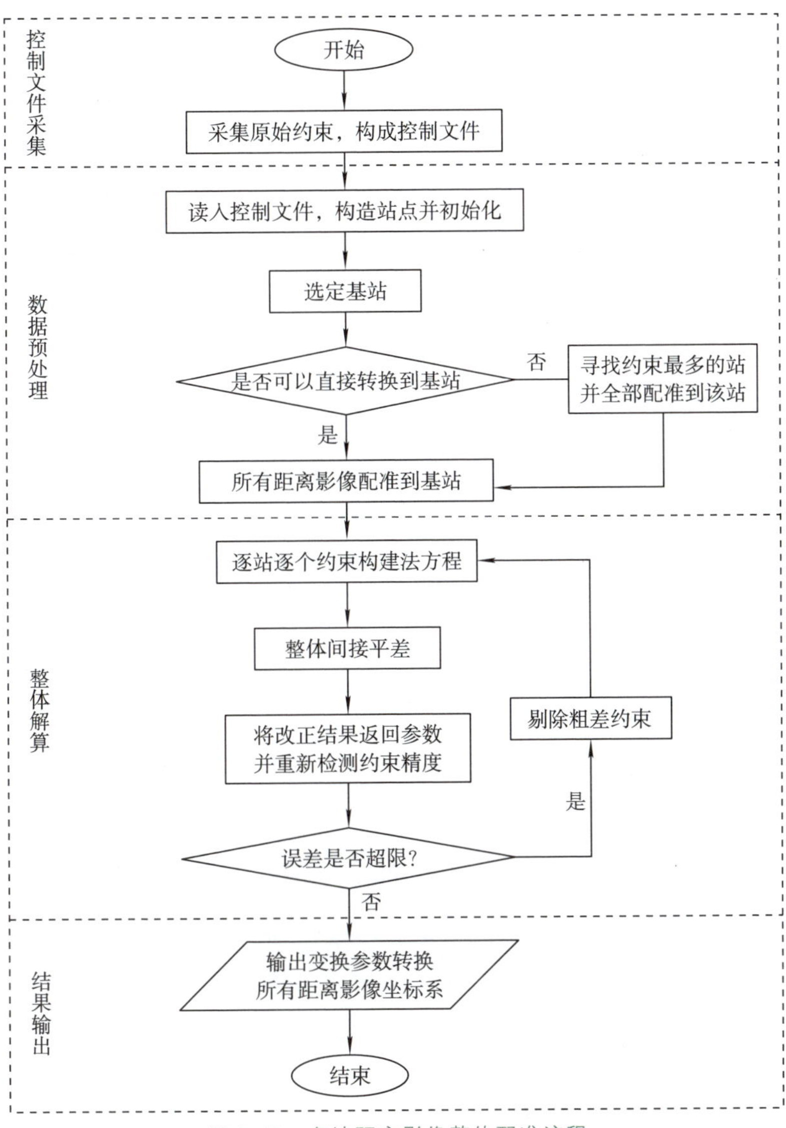

图 3.16　多站距离影像整体配准流程

3.4 数据融合

多站点云数据配准完成后，点云之间只是坐标的变换，还没有真正成为一个点云模型。因此，需要点云的融合，将点云之间的重叠区域融合为光滑的曲面，使之成为一个完整的点云模型。点云融合的最后结果是多片点云的重叠区域之间没有重叠点，点之间的疏密程度和其他点一样，对于有颜色的点云数据，过渡颜色应使得多片点云间色差最小。点云融合的输出是点云重建的输入，因此它的结果直接影响后续工作。

点云融合处理需要考虑数据的密度和精度两个方面的内容：其中数据的密度是指在能够满足可利用的密度基础上，将扫描点云数据中冗余的部分点云做稀化处理；精度则是指在保证原始数据的精度基础上，尽量保留目标特征点。点云融合处理主要包括多站点云去冗和简化等。

点云去冗是指多站点云之间存在重复扫描的数据体，在保留非重复扫描的数据体的原始数据分辨率情况下，对于重复扫描的数据体进行简化处理。如图 3.17 所示，左图中黑色部分点云和绿色部分点云在配准处理后，中间存在重叠区域，因此针对重叠区域进行点云去冗操作，而保留非重叠部分原始数据，从而得到右图中融合后的点云数据。

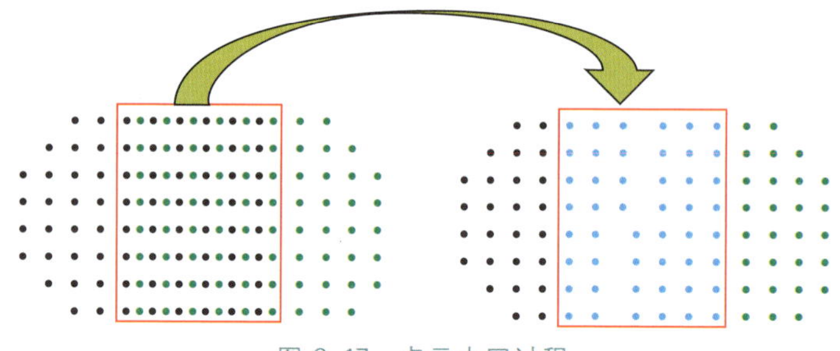

图 3.17 点云去冗过程

点云去除冗余三维点云数据的方法，按数据组织方式划分，主要分为两类：一类是均匀网格法，在垂直于扫描方向平面上建立一系列均匀的网格，每一个扫描点都被分配给某一个网格。计算出各点到网格的距离，并按距离大小排列，取距离位于中间值的数据点代表这个网格中的数据点，删除其他点。该方法简单易实现，但均匀网格的使用会导致部分特征点丢失。另一类是不规则三角网方法，首先建立点云数据的不规则三角网，然后比较数据点所在三角面片的邻近三角面片法向量，根据一种向量加权算法，在平面或近似平面的较平坦区域用大的三角面片取代小三角面片，删除多余点，实现数据精简。该方法能较好地保留表面特征，但首先需

对点云数据进行三角网格化处理，而复杂平面和大量散乱点云数据的三角网格化处理非常复杂，效率较低，故在实际应用中受到一定限制。

点云冗余数据去除之后，还可以进行数据简化。采集的激光扫描测量点云数据包含了被测物体的特征细节，数据点密集且数据量非常庞大。然而并不是所有的点对于后续建模都是有用的，包含庞大数据量的点云模型给一系列诸如存储、传输以及建模重构等后续操作带来了巨大的困难。因此，在保持测量对象后续处理环节所需的关键几何形状特征信息的条件下，如何对其点云数据进行最大程度的简化处理，对于准确、快速和高效地进行后续处理便显得非常重要。

衡量一个点云简化算法的优劣，并不能只看简化后点云数据量越小越好，也不能只看简化的速度越快越好，而是应该看是否能够用最少的数据点表示最多的信息，并在此基础上追求更快的速度。

(1)精度。期望简化后点云数据拟合所得的面和真实曲面之间的误差尽量小，必须保证误差在一个可以容忍的范围内，并尽可能地保留原始点云的几何特征。

(2)简度。期望简化后点云相对于原始点云的百分比要低，简化应在保证一定的精度上尽可能地去减少数据，但某些场合太少的数据点也会给后续建模带来困难，所以应根据实际需要选择合适的简化度。

(3)速度。在保证精度和简度的前提下应追求更高的效率和更快的速度。

理想的算法是期望在以上三点都达到最优，但在实际处理上是不可能达到的，因此好的算法是从精度、简度和速度三个方面取得一个好的均衡。

典型的点云简化方法主要有包围盒法、基于曲率简化算法等。包围盒法的基本思想就是，首先采用长方体包围盒来约束点云，然后将整个包围盒按照一定的大小分割成单个的小立方体栅格(具体小立方体栅格的边长取决于简化率)，最后在小栅格中选取最靠近栅格中心的点来代替整个栅格中的点，以此来进行简化而获取均匀采样的点。该方法简单高效，容易实现，是一种简单的基于空间准则的简化方法。对于表面不复杂和曲率变化不大的物体的点云数据简化很有效，简化后的点云比较均匀，能够反映模型的简单轮廓特征。但是当物体表面有曲率大的曲面时，该曲面的简化就不能很好地保持原有的模型特征，也无法确保简化后的精度。因此包围盒法主要适用于模型表面形状相对简单并且对精度要求不高的场合。利用包围盒法对圆环点云进行简化的效果，如图 3.18 所示。

基于曲率简化算法的基本思想就是，在曲率大的区域不能过度简化，应该保留足够多的点来表达模型的几何特征；而在曲率相对较小的区域只保留少量点，减少数据点的冗余。这是因为点云模型的曲率大小对应着模型中的几何特征分布，表示了点云模型的内部属性。对于曲率大的区域，模型的表面变化相对剧烈，特征也就比较明显；而在曲率较小的区域，模型表面变化相对平缓，因此特征相对不明显。从实例中也可以看出，基于曲率简化算法的优点在于能够准确有效地保留原始模型的细节特征信息，并且能够有效地减少数据量、减少冗余。然而其不足之处在于时间消耗多，并且在曲率相对小的区域，由于去除了过多的点造成了局部空洞现象，影响后期重构建模等操作。如图 3.19、图 3.20 和图 3.21 所示。

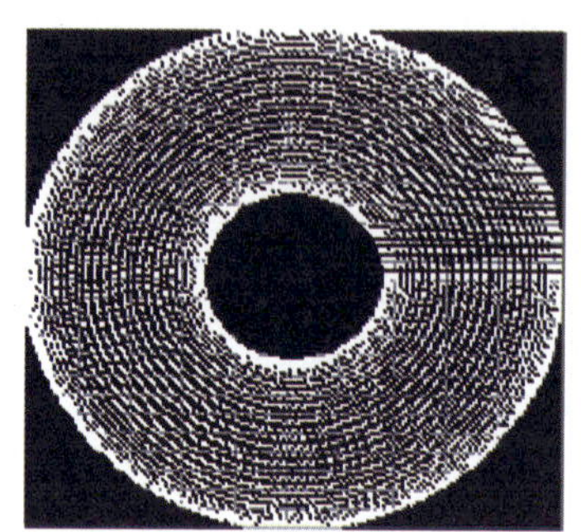

（a）圆环原始点云

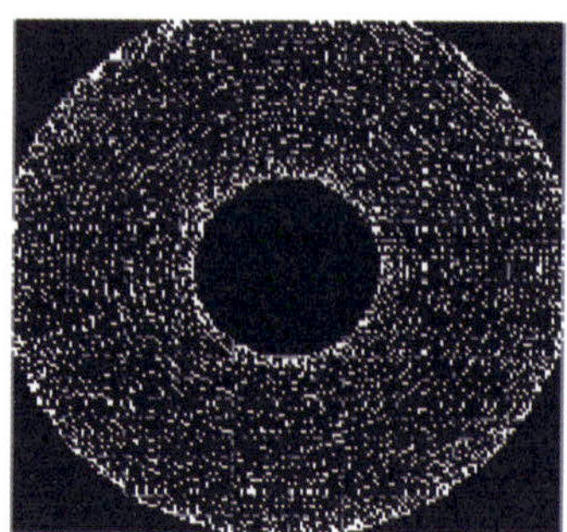

（b）包围盒法简化后

图 3.18　包围盒法简化效果

图 3.19　曲率简化前数据

图 3.20　曲率简化后效果(保存原 50% 数据)

图 3.21　曲率简化后效果(保存原 30% 数据)

由于很多已有点云简化算法对于点云模型中的所有点采取了同样相同的简化处理策略,并没有区别特征点与非特征点的不同,以至于大量的特征点被盲目地删除。而特征点是描述几何特征的关键元素,对于重建曲面的质量起着非常重要的作用,因此大量特征点被删除就会导致简化后的点云结果不能很好地表示原有模型,模型的几何特征信息存在过度丢失的情况。因此,在对点云简化前,应对点云进行预先处理判断,找出哪些点是特征点,在特征点保持足够数量的基础上进行简化,更能确保重构后的曲面模型不会失真。另外,某些算法中存在简化后容易生产“空洞”的现象,因此需要对点云进行适度简化,控制点云的密度以及散乱点云的分布。

数据简化可以在构造三角网的同时按照特征简化,也可以直接在点云数据上简化。也就是对于不同特征的点云,采用不同的方法进行点云的抽稀简化。对于曲率较小物体的点云(墙面等),可以采用最小阈值精简法,即对数据相邻点之间设置阈值,当两点之间距离小于阈值的时候,就将其中的一点去除。对于曲率较大物体的点云,可以采用曲率估算法,即用点云邻域搜索获得各点 P_i 的邻域;采用抛物线进行曲率估算求出所有点的高斯曲率和平均曲率;按曲率大小,将曲率分为多个区间,对应各个区间设定不同的偏差 ε,如果点 P_j 对于基准点 P_i 满足二者平均曲率之差的绝对值不大于 ε,就删掉 P_j。

第 4 章 多级空间索引的建立

空间索引，是指依据空间对象的位置和形状或空间对象之间的某种空间关系，按一定的顺序排列的一种数据结构，其中包含空间对象的概要信息。作为一种辅助性的空间数据结构，空间索引介于空间操作算法和空间对象之间，它通过筛选作用，大量与特定空间操作无关的空间对象被排除，从而提高空间操作的速度和效率。

古建筑点云数据具有数据量大（海量性）、数据表达精细（高空间分辨率）、空间三维点之间无拓扑关系（散乱性）（郭明，2011）等特征，在进行后续的数据处理时需要频繁地进行邻域查找，因此必须进行数据的组织和索引，以提高后续邻域检索和查询等操作的速度。

本章重点研究针对点云数据用于邻域搜索的高效空间索引问题，重点介绍了本书提出的一种多级格网和 k-d 树混合的空间索引方式，并介绍了在这种索引下的最近邻搜索算法。首先，介绍了多级格网和 k-d 树混合索引（MultiGrid-KD 树）的构造方法；其次，介绍了最近邻算法的概念和常用方法；再次，提出了基于 MultiGrid-KD 树索引的最近邻搜索算法；最后，则用实际数据对本书提出的算法和 k-d 树、八叉树等经典算法作出对比。

本章创新之处包括以下两方面：

(1)针对点云数据提出了一种新的空间索引方式——MultiGrid-KD 树索引。该索引方式保持了格网索引和 k-d 树高效查询的优点，又解决了格网索引固定分辨率以及 k-d 树在海量点云数据情况下深度过大的问题，并在开发的原型系统中得以实现。它在后续的分割、三角网构建，以及特征等数据处理环节得到应用。

(2)将基于本书提出的 MultiGrid-KD 树索引的最近邻算法与 k-d 树算法进行了效率比较，证明本书提出的算法效率无论在最近邻查询还是四邻域查询中都较 k-d 树高。

4.1 多级格网和 k-d 树混合索引的构造方法

目前适合点云的三维空间索引方法主要有规则格网、八叉树、k-d 树、R 树及其变种（龚健雅，2004）。规则格网算法实现简单，查询效率很高，但存在单一分辨率、数据冗余等问题。针对点云数据较多采用的是 k-d 树索引和八叉树。k-d 树是

k 维空间点数据的二叉树，它的常数因子很小，继承了二叉树检索效率较高的特点。经过粗略测试，这种结构的效率和散列相比，在百万数据量之下占有优势，但对海量数据则存在深度较大引起效率降低的情况。其划分方法如图 4.1 所示，图中白色点为点云数据，红色是第一次分割，绿色为第二次分割，蓝色为第三次分割。八叉树是一种用于描述三维空间的树状数据结构，是四叉树在三维空间的应用，其结构如图 4.2 所示。

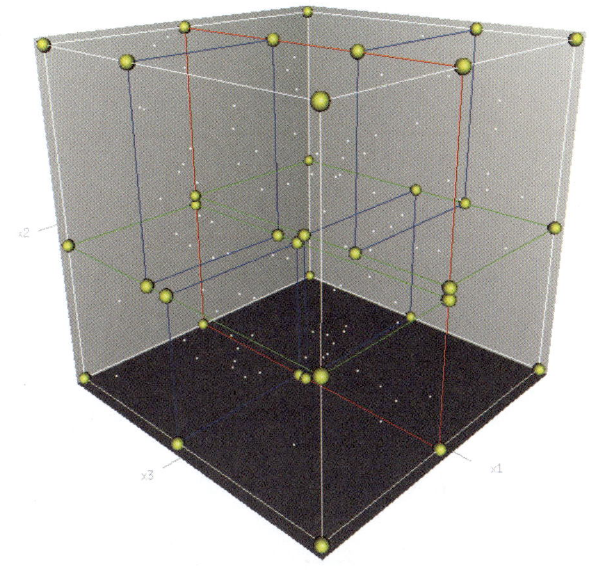

图 4.1　三维点云的 k-d 树构建过程

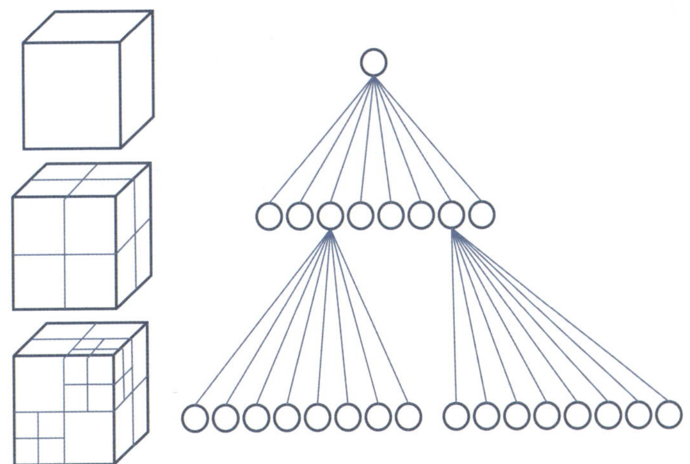

图 4.2　八叉树划分及其对应结构

4.1.1 MultiGrid-KD 树索引的基本思想

MultiGrid-KD 树索引的基本思想是，用不重叠的长方体或立方体分割空间，形成格网。由于点云数据分布不均匀，将数据过少的格网合并成变分辨率格网，我们称之为区域(region)。在区域中建立 k-d 树索引到单点。建立格网索引数组，存储每个格网所对应的区域。区域结构体中存储每个区域内部的 k-d 树、区域范围及相邻的 6 个区域。区域数组中则存储所有区域。在二维平面上格网、区域以及 k-d 树的关系如图 4.3 所示。其中虚线为格网，而实线则为区域。一个区域包含一个或多个格网，每一区域内部建立一棵 k-d 树。一个格网只属于一个区域。

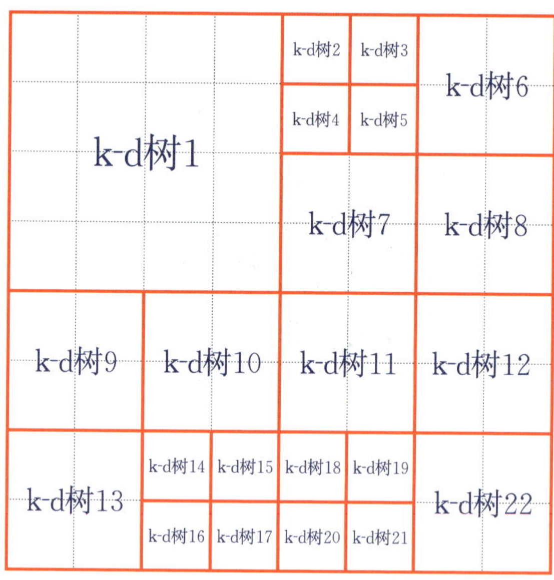

图 4.3 格网、区域以及 k-d 树的关系

通过该方式索引，在进行空间检索时，可以直接根据点坐标计算出格网索引数组的下标，从而定位到所在区域，然后在区域范围内通过 k-d 树进行检索。

这一索引方式相较于八叉树与 k-d 树的集成索引方式，减少了八叉树的深度检索，同时每颗 k-d 树的数据量大大减少，避免了 k-d 树深度过大的问题，保证了 k-d 树的查询效率。在保持格网索引算法实现简单、查询效率高等优点的同时，又解决了单一分辨率、数据冗余的问题。因此整体检索效率比单一的八叉树、k-d 树以及两种方法的集成方式要高。

4.1.2 变分辨率格网索引的构造

如前文所述，先将数据集的最小包围盒分割成互不重叠的长方体或立方体，即形成格网。然后，将点云数据过少的格网合并成变分辨率格网，即区域。变分辨率格网索引的构造涉及三个问题：第一，如何确定格网的大小；第二，如何形成区域；第三，如何建立起格网与区域之间的关系。

解决这三个问题的基本思路有两种：一种是自底向上的方法；一种是自顶向下的方法。

自底向上的方法是根据统计的方法估算出格网大小，将数据集的最小包围盒分割成格网，再根据点数阈值将数据量过小的格网合并成区域。合并时考虑凸包策略，合并形成的区域必须是长方体或立方体。格网索引数组中存储每个格网对应的区域，而区域中则存储自己内部的 k-d 树。

自顶向下的方法则是利用八叉树原理分割出区域，将最小区域范围作为格网大小来划分数据集的最小包围盒。这里，介绍一下自顶向下方法的构造过程。涉及的主要数据结构如下：

(1)格网索引数组：三维长整形数组 Index[m][n][l]，数组中每个单元存储各区域在区域数组中的索引 ID。

(2)一个区域：

Struct Region

```
{
K-dTree IndexTree;//k-d 树索引
Double minx,maxx,miny,maxy,minz,maxz;//区域范围
List<int> left; //左边面的邻接的区域 ID
List<int>right; //右边面的邻接的区域 ID
List<int>top; //上边面的邻接的区域 ID
List<int>bottom; //下边面的邻接的区域 ID
List<int>front; //前边面的邻接的区域 ID
List<int>back; //后边面的邻接的区域 ID
}
```

(3)区域数组：Region[k]。

(4)构造索引伪代码如下。

```
输入：点集 X
输出：格网索引数组 Index[m][n][l]及区域数组 Region[k]
    (1)计算 X 的最小包围盒 Env。
    (2)设置八叉树划分时叶节点包含点数的阈值，如设为 5 000。
    (3)在 Env 范围内对 X 进行八叉树划分，如果节点大于阈值，则继续分割，小于阈值则该节点为叶节点。
```

(4)寻找深度最深的叶节点,即区域范围最小的叶节点,计算该叶节点的长宽高为 dx、dy、dz,假定为格网大小。计算格网索引数组的 m、n、l。判断 m、n、l 的大小是否会超出系统内存,如果超出,删除此深度级别的所有叶节点。以其上一级节点作为最小叶节点计算叶节点的长宽高 dx、dy、dz 和格网索引数组的 m、n、l。如此递归,直到找到不超出内存的情况。记录最终的长宽高 dx、dy、dz 和格网索引数组的 m、n、l。用 dx、dy、dz 对 Env 进行格网划分,新建格网索引数组 Index[m][n][l]。

(5)构建区域数组。利用八叉树的所有叶节点构造区域及区域数组。计算每个叶节点的范围,统计每个叶节点的 6 个面的所有相邻区域,并赋予到区域的结构体中。同时在八叉树叶节点中记录对应的区域所在区域数组的 ID,以方便后续的继续构造。

(6)对每个区域构建 k-d 树,并保存到区域的结构体中。

(7)遍历格网数组,计算各个格网对应的区域 ID,可用格网的中心点来定位八叉树的叶节点,并将叶节点中记录的所在区域数组 ID 保存到格网索引数组中。

(8)自此,索引构造完成,删除八叉树。

4.1.3 k-d 树的构造

1975 年 Jon Louis Bently 最早提出了 k-d 树的概念,他将二叉树扩展到了高维空间,k-d 树是 k 维空间点数据的二叉树。k-d 树从根节点开始,交替在每一个空间维度上采用正交于该维度轴的超平面将 k 维空间分割为两部分,点数据则存储在 k-d 树的每个节点上。即设 X 为 k 维空间 $R_{(k)}$ 的 n 个点的集合,则

$$X = \{x_1, x_2, \cdots, x_n\} \tag{4.1}$$

针对每一维度轴 $i(0 < i < k)$,可以找到正交于 i 轴的超平面

$$c = k_i \tag{4.2}$$

将点集 P 划分为两个非重叠空间 S_l 和 S_r,且对于任意点 p,有

$$\left.\begin{aligned} x \in S_l, \quad 当\ x_i(k) < c \\ x \in S_r, \quad 当\ x_i(k) > c \end{aligned}\right\} \tag{4.3}$$

k-d 树从根节点开始,循环依次用垂直于每一个坐标轴的超平面来分割空间。在一个三维的树中,根节点将用垂直于 X 轴超平面分割,根节点的孩子用垂直于 Y 轴的超平面分割,根节点的孙子用垂直于 Z 轴的超平面分割,根节点的曾孙们再用垂直于 X 轴超平面分割,根节点的玄孙们再用垂直于 Y 轴的超平面分割,以此类推。

按照构造规则可将 k-d 树划分为中点分割 k-d 树、均衡 k-d 树和滑动中点 k-d 树。其中,中点分割 k-d 树的超平面位于分割区域的几何中心;均衡 k-d 树的超平面位于其中一个数据点上,并使得分割后两侧点数相差最小;滑动中点 k-d 树的超平面则位于最接近几何中心的数据点上。本书采用均衡 k-d 树的模式,即分裂后

两侧的点数基本相同。

k-d 树的每个节点表示的是一个空间范围。k-d 树中每个节点中主要包含的数据结构，如表 4.1 所示。

表 4.1　k-d 树的数据结构

域名	数据类型	描述
Node-data	数据矢量	数据集中某个数据点，是 n 维矢量
Range	空间矢量	该节点所代表的空间范围
Split	整数	垂直于分割超面的方向轴序号
Left	k-d 树	由位于该节点分割超面左子空间内所有数据点构成的 k-d 树
Right	k-d 树	由位于该节点分割超面右子空间内所有数据点构成的 k-d 树
Parent	k-d 树	父节点

Range 域表示的是节点包含的空间范围。Node-data 域表示的是数据集中的某一个 n 维数据点。分割超面是通过数据点 Node-data 并垂直于轴 Split 的平面，分割超面将整个空间分割成两个子空间。令 Split 域的值为 i，如果空间 Range 中某个数据点的第 i 维数据小于 Node-data[i]，那么，它就属于该节点空间的左子空间，否则就属于右子空间。Left 域、Right 域分别表示由左子空间和右子空间空的数据点构成的 k-d 树。

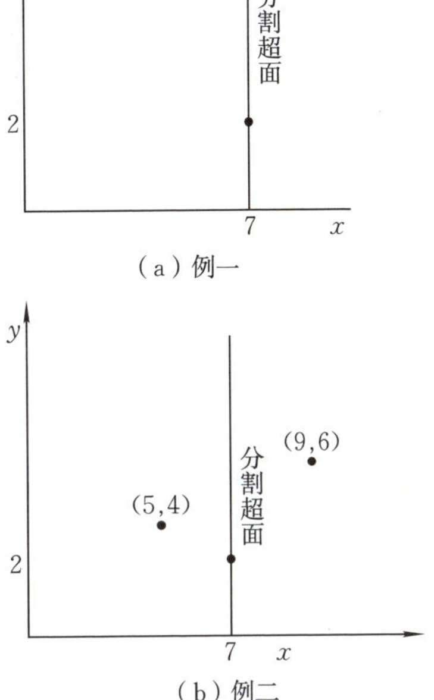

(a) 例一
(b) 例二
图 4.4　k-d 树二维空间分割

在二维的情况下，一个样本点可以由二维向量 (x,y) 表示，其中令 x 维的序号为 0，y 维的序号为 1。假设一个节点的 Node-data 为 (7,2)，Split 的取值为 0，那么分割超面就是 x=Node-data(0)=7，它垂直于 x 轴且过点 (7,2)，如图 4.4(a) 所示。于是其他数据点的 x 维如果小于 7，则被分配到左子空间；若大于 7，则被分配到右子空间。例如，(5,4) 被分配到左子空间，(9,6) 被分配到右子空间，如图 4.4(b) 所示。

从表 4.1 可以看出，k-d 树本质上是一种二叉树，因此 k-d 树的构建是一个逐级展开的递归过程。其算法的伪代码如下。

```
算法:create k-d Tree 构建一棵 k-d 树
输入:exm_set 样本集
输出:k-d, 类型为 k-d 树
伪代码表达:
    (1)如果 exm_set 是空的,则返回空的 k-d 树。
    (2)调用分裂节点选择程序(输入是 exm_set),返回两个值:
       Node - data := exm_set 中的一个样本点;
       split := 分裂维的序号。
    (3)exm_set_left = {exm∈ exm_set-Node-data && exm[split] <= Node-data[split]}
       exm_set_right = {exm∈ exm_set-Node-data && exm[split] > Node-data[split]}
    (4)left = create k-d Tree(exm_set_left)
       right = create k-d Tree(exm_set_right)
```

分裂节点选择最常用的一种方法是:对于所有的样本点,统计它们在每个维上的方差,挑选出方差中的最大值,对应的维就是 Split 域的值。数据方差最大表明沿该维度数据点分散得比较开,这个方向上进行数据分割可以获得最好的分辨率;然后再将所有样本点按其第 Split 维的值进行排序,位于正中间的那个数据点选为分裂节点的 Node-data 域。

4.2 最近邻搜索

在散乱点云数据处理过程中,很多环节需要用到微分几何信息估算,而微分几何信息估算则需要进行邻域搜索。

4.2.1 基本概念

最近邻搜索(nearest neighbor search,NNS)也被称为位置检索(proximity search)、相似性搜索(similarity search)或最近点搜索(closest point search),是在度量空间中寻找最近点的一种优化问题。给定度量空间 M 中的一组数据点 S 和查询点 $q \in M$,在 S 中找到距离 q 最近的点。在大多数情况下,M 被定义为 D 维欧氏空间,距离则用欧氏距离或曼哈顿距离来度量。定义如下:给定一个多维空间 $R_{(k\text{-}d)}$,把 $R_{(k\text{-}d)}$ 中的一个向量定义为一个样本点或数据点。$R_{(k\text{-}d)}$ 中样本点的有限集合称为样本集。给定样本集 E 和一个样本点 d,d 的最近邻就是任何样本点 $d' \in E$ 满足 None-nearer(E,d,d'),有

$$\left.\begin{array}{l}\text{None-nearer}(E,d,d') \Leftrightarrow \forall d'' \in E \\ |d-d'| \leqslant |d-d''|\end{array}\right\} \tag{4.4}$$

式中:距离度量是欧氏距离,当然也可以是任何其他 Lp 范数。

$$|d-d'|=\sqrt{\sum_{i=1}^{k_d}(d_i-d'_i)^2} \tag{4.5}$$

式中: d_i 是向量 d 的第 i 个分量。

最近邻搜索在很多领域都有应用,例如模式识别、计算机视觉、统计分类、数据库、数据理解,以及聚类分析等。

k 近邻搜索是最近邻搜索的变体。最近邻搜索是查找度量空间中最近的一个点,而 k 近邻则是查询 k 个最邻近的点。在微分几何信息估算时就需要进行 k 邻域搜索。

4.2.2 常用方法

很多方法被提出来解决最近邻搜索问题。算法的有效性和质量,取决于查询搜索时用于维护数据结构的时间复杂度和空间复杂度。但非正式观测指出,由于维数灾难,在高维欧氏空间没有通用的确切解决方案能够利用多项式处理和对数级搜索时间解决最近邻搜索问题。以下是常用的几种方法。

1. 线性搜索

线性搜索(linear search)是解决最近邻搜索问题最简单的方法。通过计算查询点到数据集中每一个点的距离,持续追踪最近点,这种算法被称为朴素法。运行时间为 $O(Nd)$,N 为数据集 S 的势,d 为 M 的维度。该方法无须维护搜索数据结构,因此在数据库存储之外没有空间复杂度。令人惊讶的是,该方法在高维空间中优于空间分区法。

2. 空间分区

自 20 世纪 70 年代以来,空间分区(space partitioning)方法应用于解决最近邻搜索问题。在欧氏空间下这种方法被称为空间索引或空间访问方法。其中也许最简单的是 k-d 树,通过迭代将搜索空间的父区域分割成两个包含一半的点的子区域。查询是通过评估每个分支的查询点遍历根到叶子。根据查询中指定的距离,邻近的分支可能含有所需点也需要进行评估。连续的维度查询时间平均复杂度是 $O(\log N)$。点随机分布的情况下,最坏情况的复杂性已经进行了分析。另外,R 树数据结构被设计用来支持动态最近邻搜索,因为它有高效的插入和删除算法。

3. 位置敏感哈希

位置敏感哈希(location sensitive hashing, LSH)是一种基于距离度量操作将空间点分到不同桶中的技术。在选择的度量下将彼此相近的点高效地映射到同一桶中。用最小内在维度搜索空间最近邻基于数据集的倍增常量,覆盖树有一个理论边界。此边界的搜索时间是 $O(\text{d}\log_2 n)$，其中 c 是这一数据集的扩张常量。

4. 矢量近似文件

在高维空间中树结构索引变得无效，因为越来越多的节点需要被检查。为了加快线性搜索速度，在第一次运行时将适量数据压缩存储进内存来过滤数据。第二阶段时选点则用硬盘中的非压缩数据来进行距离计算。

5. 基于压缩和聚类的搜索法

VA(vector approximation)文件法是基于压缩搜索的一种特殊例子，这种方法将每一个要素的组成部分均匀地独立地压缩起来。多维空间中最优的压缩方法是通过聚类实现的向量量化法(vector quantization, VQ)。数据集被聚类，然后找出最有可能的簇。相对于树结构索引以及线性扫描，通过 VA 文件搜索算法取得了极大的提高。

本书采用空间分块策略，即空间索引方法进行 k 近邻搜索。

4.3 基于 MultiGrid-KD 树索引的点云最近邻搜索

最近邻搜索是 k 近邻搜索的特例，也就是 1 近邻搜索。本书详细阐述了基于 MultiGrid-KD 树索引的最近邻搜索算法的基本思路，然后介绍将其扩展到 k 近邻搜索的基本思路。

基于 MultiGrid-KD 树索引的最近邻搜索算法的基本思路为：根据查询点的坐标计算其所在的格网，然后在格网索引数组中找出格网所在区域号。在区域数组中找到对应区域，利用区域内的 k-d 树进行最近邻查询。比较该点与其所属区域的 6 个面的距离，如果大于到一个或多个面的距离，则根据区域结构体中存储的邻接关系找到相应的区域，再利用这些区域内的 k-d 树搜索最近邻。最后将每个 k-d 树搜索到的最近邻进行比较，得出最终结果。该算法伪代码如下。

输入：点集 S，格网单元大小 dx、dy、dz，MultiGrid-KD 树索引，查询点坐标 x、y、z，最小包围盒坐标范围

输出：最近邻坐标 X,Y,Z

(1)通过 x,y,z 来直接定位对应的格网，即格网的 i、j、k 为：

$i=(x-x_0)/\text{dx}$;

$j=(y-y_0)/\text{dy}$;

$k=(z-z_0)/\text{dz}$;

x_0、y_0、z_0 是格网划分的起点坐标，即点云最小包围盒的 minx、miny、minz；dx、dy、dz 是格网单元的长宽高。

(2)通过格网索引数组内记录的区域 ID,在区域数组中直接找到对应区域。即 Region[Index[i,j,k]]。

(3)利用区域中的 k-d 树进行最近邻查询。

(4)查找完成后,比较该点与最近点距离和到所属区域 6 个面的距离,如果小于到一个或多个面的距离,查找结束;如果大于到一个或多个面的距离,则依次找出区域结构体中存储的该面的临界区域 ID,在区域数组中找到相应的区域,根据该区域内 k-d 树搜索最近邻。

(5)比较 n 个 k-d 树搜索到的最近邻,得出最终最近邻。

这一算法主要是在 k-d 树内部进行最近邻搜索,因此在这里介绍 k-d 树的最近邻搜索算法:首先通过二叉树搜索(比较待查询节点和分裂节点的分裂维的值,小于等于就进入左子树分支,大于就进入右子树分支,直到叶子节点),顺着“搜索路径”很快能找到最近邻的近似点,也就是与待查询点处于同一个子空间的叶子节点;然后再回溯搜索路径,并判断搜索路径上的节点的其他子节点空间中是否可能有距离查询点更近的数据点,如果有可能,则需要跳到其他子节点空间中去搜索(将其他子节点加入搜索路径)。重复这个过程直到搜索路径为空。k-d 树最近邻搜索算法的伪代码如下。

```
算法:kdtreeFindNearest
输入:k-d target
输出: nearest dist
    (1)如果 k-d 树是空的,则设 dist 为无穷大返回
    (2)向下搜索直到叶子节点
    pSearch = &Kd
    while(pSearch != NULL)
    {
    pSearch 加入到 search_path 中;
    if(target[pSearch->split] <= pSearch->Node-data[pSearch->split])
    {
    pSearch = pSearch->left;
    }
    else
    {
    pSearch = pSearch->right;
    }
    }
    取出 search_path 最后一个赋给 nearest
    dist = Distance(nearest, target);
```

```
(3)回溯搜索路径
while(search_path! = NULL)
{
取出 search_path 最后一个节点赋给 pBack
if(pBack->left = NULL && pBack->right = NULL)
{
if( Distance(nearest, target) > Distance(pBack->Node-data, target) )
{
nearest = pBack->Node-data;
dist = Distance(pBack->Node-data, target);
}
}
else
{
s = pBack->split;
if( abs(pBack->Node-data[s] - target[s]) < dist)
{
if( Distance(nearest, target) > Distance(pBack->Node-data, target) )
{
nearest = pBack->Node-data;
dist = Distance(pBack->Node-data, target);
}
if(target[s] <= pBack->Node-data[s])
pSearch = pBack->right;
else
pSearch = pBack->left;
if(pSearch ! = NULL)
pSearch 加入到 search_path 中
}
  }
```

研究表明，当查询点的邻域与分割超平面两侧的空间都产生交集时，回溯的次数大大增加。最坏的情况下搜索 n 个节点的 k 维 k-d 树所花费的时间为

$$t_{\text{worst}} = O(k \times N^{1-\frac{1}{k}}) \tag{4.6}$$

由于大量回溯会导致 k-d 树最近邻搜索的性能大大下降，因此研究人员也提出了改进的 k-d 树最近邻搜索的方法，其中一个比较著名的就是 Best-Bin-First，它通过

设置优先级队列和运行超时限定来获取近似的最近邻，有效地减少回溯的次数。

4.4 实验比较

MultiGrid-KD 树的一级索引采用格网实现，在点查询时大幅降低了搜索深度。本小节以故宫建筑物点云为实验数据，对 MultiGrid-KD 树的索引算法进行实验验证。本次实验在主频为 1.2 GHz 的双核 CPU、内存为 1 GB、操作系统为 Windows 7 的笔记本电脑上完成。

太和殿外南面的牌坊和太和门内的一间房屋扫描点云的一级索引的构建效果如图 4.5、图 4.6 所示。这两幅点云数据的一级格网创建的点数阈值为 5 000，对于小于 5 000 的格网，再对其构建 k-d 树索引，其中 k-d 树的点数阈值设为 30。

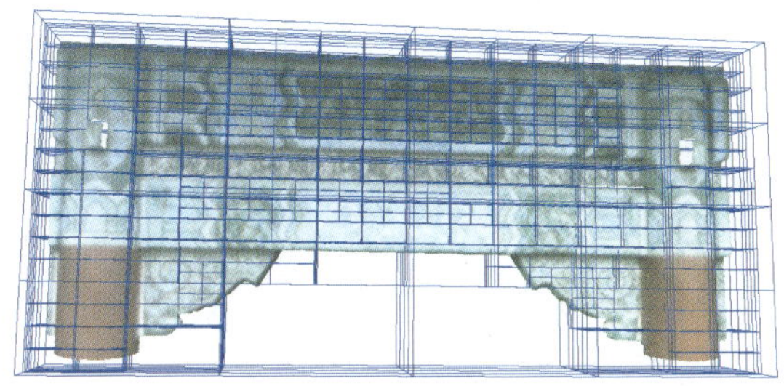

图 4.5 太和殿外南面牌坊构建效果

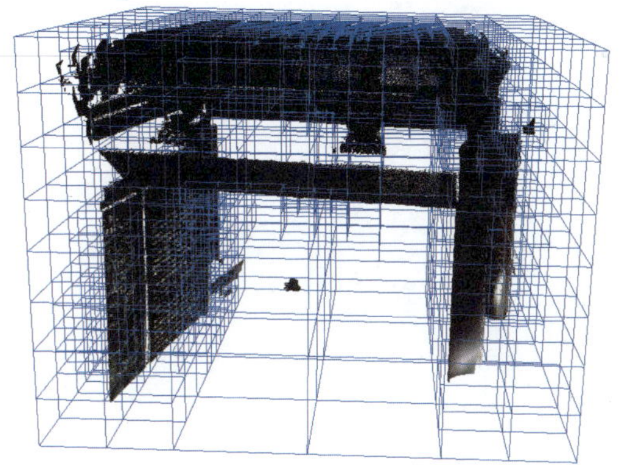

图 4.6 太和门内房屋构建效果

基于指定位置的邻域检索的算法过程一般包括三个步骤：一是定位到该位置所在的索引叶节点；二是在该节点内进行最近点的 n 个点查询；三是如果该位置到节点边界面的距离小于到最近 n 个节点的最大距离，则需要到邻域节点进行继续检索。k-d 树索引和 MultiGrid-KD 树索引节点定位耗时的比较如表 4.2 所示。

两个索引节点定位的耗时分析如图 4.7 所示，算法耗时的单位为 ms。

表 4.2　两个索引节点定位的耗时比较　　单位：ms

点数/个	k-d 树		MultiGrid-KD 树			
	总耗时	平均单点耗时	一级索引耗时	k-d 树索引耗时	总耗时	平均单点耗时
141 999	187	0.001 316 911	16	109	125	0.000 880 288
642 984	873	0.001 357 732	47	452	499	0.000 776 069
1 053 197	1 544	0.001 466 013	93	734	827	0.000 785 228

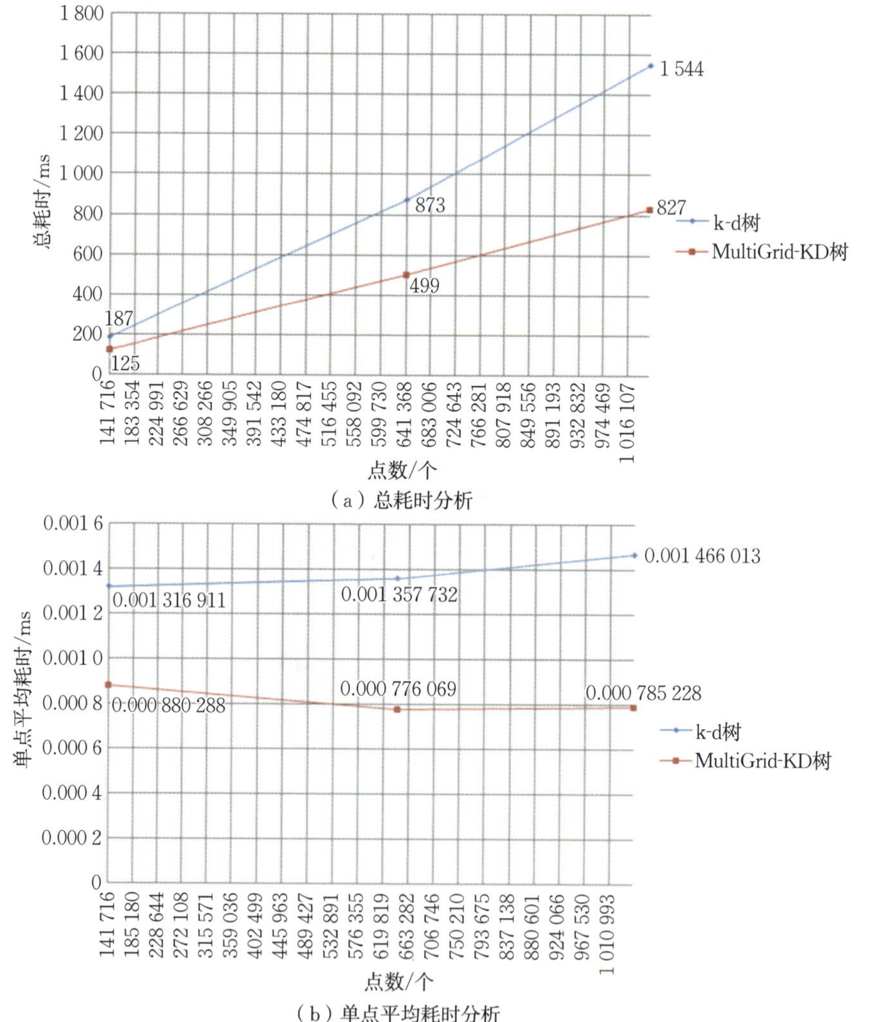

（a）总耗时分析

（b）单点平均耗时分析

图 4.7　两个索引节点定位的耗时分析

从表 4.2、图 4.7 的对比分析可以看出，随着点数的增加，MultiGrid-KD 树的节点定位耗时提高明显低于 k-d 树索引。从单点平均耗时来看，k-d 树索引随点数提高，而 MultiGrid-KD 树基本保持不变，甚至还略有降低。主要原因在于：随着点数增加，k-d 树索引的深度也随之增加，从而造成节点定位耗时增加；而对于 MultiGrid-KD 树，一级索引采用格网直接定位，算法耗时对于每个点是固定的，后续的子 k-d 树索引的点数控制在 5 000 点附近，也基本固定不变，因此整个节点定位的耗时不会随点数增加而提高。由于算法在实际运行中涉及相关的数据和代码调度开销，而随着点数增加，这些开销被稀释，因此在点数增加到一定程度时，平均单点耗时反而出现了降低。从表 4.3 也可以看出，一级索引由于采用了格网定位索引，节点定位耗时大幅降低。表 4.3 是 k-d 树索引和 MultiGrid-KD 树索引的最近距离点查询耗时的比较，图 4.8 是两个索引的耗时分析。在算法过程中，叶节点区域内的最近点遍历检索占用了一定耗时。从单点平均耗时来看，MultiGrid-KD 树随着点数增多仅略微增长。

表 4.3　两个索引最近距离点查询耗时比较　　单位：ms

点数/个	k-d 树		MultiGrid-KD 树	
	总耗时	平均单点耗时	总耗时	平均单点耗时
141 999	250	0.001 760 576	172	0.001 211 276
642 984	1 264	0.001 965 834	796	0.001 237 978
1 053 197	2 231	0.002 118 312	1 341	0.001 273 266

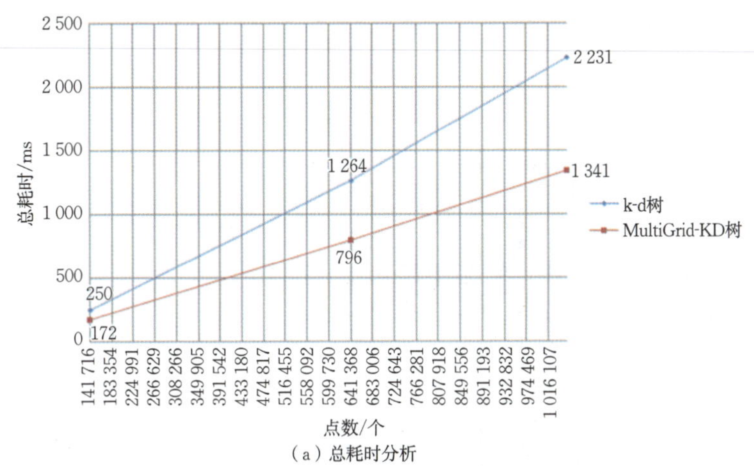

(a) 总耗时分析

图 4.8　两个索引最近距离点查询耗时分析

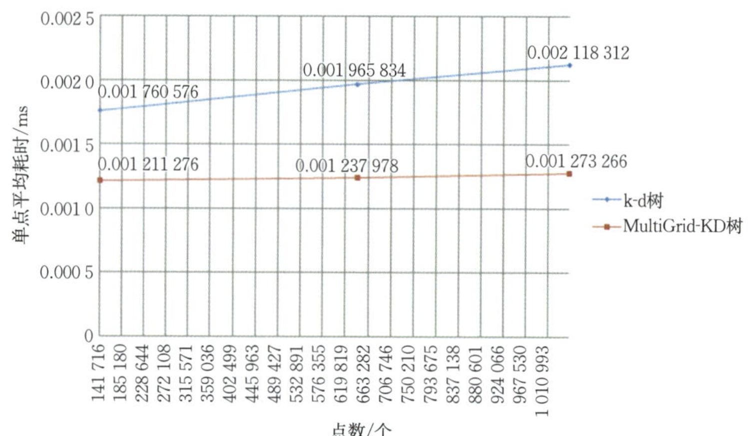

（b）单点平均耗时分析

图 4.8(续)　两个索引最近距离点查询耗时分析

表 4.4 是 k-d 树索引和 MultiGrid-KD 树索引的最近四个点的邻域查询的耗时比较，图 4.9 是两个索引的耗时分析。可以看出，对于四邻域查询，MultiGrid-KD 树的算法效率也有较大幅的提高。

表 4.4　两个索引四邻域查询耗时比较　　单位：ms

点数/个	k-d 树		MultiGrid-KD 树	
	总耗时	平均单点耗时	总耗时	平均单点耗时
141 999	445	0.003 133 825	313	0.002 204 241
642 984	2 398	0.003 729 486	1 687	0.002 623 704
1 053 197	4 430	0.004 206 241	2 883	0.002 737 38

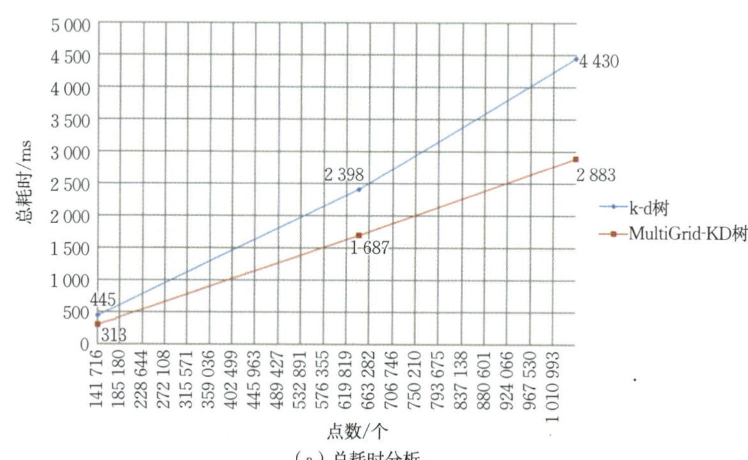

（a）总耗时分析

图 4.9　两个索引四邻域查询耗时分析

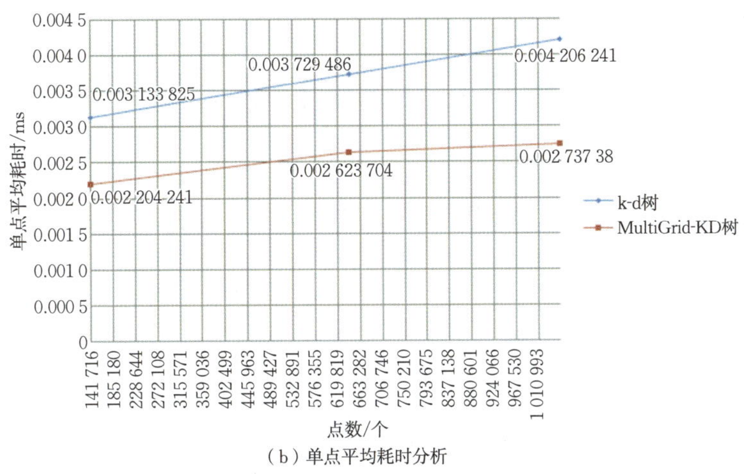

（b）单点平均耗时分析

图 4.9(续) 两个索引四邻域查询耗时分析

第5章　建筑物点云数据的分割与拟合

数据分割是点云数据特征提取和三维建模的重要步骤。Rabbani 等(2006)描述数据分割为点云数据的逐点标识过程，具有相同标识的点被认为属于同一表面或区域，那些在连续区域内具有相似特征的点被分割到一个子集。

Sithole(2005)将分割过程定义为

$$\theta X = \{\theta x \mid \forall x \in P\} \tag{5.1}$$

式中：θX 是对点云数据 P 的分割过程；x 为 X 中的一个点；θx 是对点 x 的标识过程。分割结果的子集 s 具有如下特性

$$S = \{s \mid s \subset X\}$$

$$\theta X \Rightarrow S$$

$$\bigcup s_i = X \text{ where } |s_i| > 0$$

$$s_i \cap s_j = \varnothing \text{ where } i \neq j$$

当前的点云分割算法主要包括四类：基于聚类的分割、基于区域增长的分割、基于模型拟合的分割以及其他混合分割算法。基于聚类的分割方法和基于区域增长的分割方法受噪声点的干扰很大，容易产生过分割。基于模型拟合的分割方法仅面向基础几何图形进行检测，对于复杂曲面难以适用，存在大数据量处理算法效率低等问题。而古建筑点云数据恰恰具有噪声点多、数据量大等特点，一般的点云分割算法难以满足古建筑点云数据处理的需求。

本章首先分析了当前通用的四类点云分割算法的优缺点以及古建筑点云的数据特点，随后提出了融合点云分割和特征拟合的 GAOF(Gaussian map, AQ-DBSCAN, overlap analysis, feature fitting)点云处理方法。该方法具有较强的抗噪性和容错性，算法效率较高，能够适用于古建筑点云的数据处理。

分析曲面及其对应的高斯图的关系，有助于对曲面的点云进行分割。GAOF 算法在高斯图上采用能够识别任意形状的 AQ-DBSCAN(auto quick density-based spatial clustering of applications with noise)进行聚类分析。一方面通过法向量特征初步识别出子集类别；另一方面将非核心点(大多数为噪声点和干扰点)排除出去，从而减少后续处理算法受到的噪声点干扰。高斯图上的聚类分析并不能完全对点云数据进行分割。GAOF 算法提出了重叠区分析算法，将空间域的区域分割和聚类分析相结合，实现核心点的完整分割。

大多数点云数据处理的方法中，分割和特征拟合是两个单独的步骤。GAOF

算法将特征拟合融合到分割过程中，由于是直接对核心点进行特征拟合，噪声点的干扰大幅减少，从而提高了拟合的精度和处理效率。

部分数据管理和应用除了需要分割好的点云及其特征数据外，还需要对应的三角网数据。面对以上需求，本章的创新之处有以下几方面：

(1)提出了一整套古建筑点云基准面的提取算法策略。该算法策略基于预定义模型及其可能的相互关系，结合高斯映射、曲率特征的聚类分析，在全局上对点云几何特征进行统计分析，区别干扰点和核心点；利用已知古建筑构件的几何特征对核心点进行形状分析和特征提取，在此基础上结合面分割算法完成全部点云的基准面提取。整个算法采用自顶向下模式，有效融合空间域和高斯域的分割处理，不仅有较强的抗干扰性，而且自适应性强，能够依据点云数据特点自动生成处理参数；并且可以在分割的同时获取曲面特征参数，一体化完成分割和特征拟合。

(2)针对古建筑点云数据的特点，提出了一种改进 DBSCAN 聚类算法——AQ-DBSCAN 算法。该算法根据高斯球上各点 $MinPts$ 邻域的最小距离、最大距离及不同范围内的点数，最终自动获取空间球半径 σ 参数的取值，并且提出了相应的快速聚类的思路。这一思路克服了 DBSCAN 算法效率较低，需要通过人工选取来确定参数等问题，实现了快速密度聚类处理和参数自动估算。

(3)对提出的 AQ-DBSCAN 算法与 DBSCAN 算法及 FDBSCAN 算法进行了实验对比，实验证明 AQ-DBSCAN 算法可以自动进行参数估算，算法效率较高，并且聚类效果与 DBSCAN 算法相同。

(4)给出了基准面提取的实验结果，可以看到对于平面、柱面等基准面可以较好地提取。

5.1 分割方法

5.1.1 通用的分割方法

当前面向三维点云的分割方法主要包括四类：基于聚类的分割方法、基于区域增长的分割方法、基于模型拟合的分割方法和其他混合分割算法。

1. 基于聚类的分割方法

此类算法将点云中每一个点的几何和测量上的特性定义为“特征”，这些特征通常包含点的几何位置、邻域的法向量、曲率、平面拟合的误差等。所有点的 n 维特征向量映射成的空间称为特征空间，聚类就是在这个特征空间中进行，每一个聚类的子集构成了分割的结果。聚类的效果即取决于在特征空间的聚类方法，也依赖于所选取的特征向量及其相关技术。基于聚类的分割方法主要包括 K 均值方法、模糊 C 均值的方法，以及聚类算法(density-based spatial clustering of applications with nose, DBSCAN)等。

Filin (2002)在聚类算法中为点云定义了七维特征向量，其中包括位置、邻域拟合平面的参数以及点相对于邻域的高差。笔者将去除位置信息的剩余特征向量构成四维特征空间，并采用非监督分类的算法进行聚类。

由于用于聚类的“特征”往往通过一个点的邻域来计算，因此这种算法对邻域中存在的噪声点比较敏感。

2. 基于区域增长的分割方法

该分割方法首先需要设定一个或多个种子点，然后在这些种子点的邻域内搜索其他具有相似特征的点，搜索到的点划归种子点所述类别，并作为起点继续进行下一步搜索，如此迭代增长直到区域周围没有符合条件的未分类点为止。种子点可以手动选取、随机选取或是启发式地自动选取。

一些学者对基于区域增长的分割方法进行了改进。Rabbani 等(2006)提出了基于光滑限制条件的散乱三维点云区域增长分割算法。该方法主要包括两个步骤:邻域法向量的评估和区域的增长。在第一步中，通过在点的 k 邻域上拟合平面来评估法向量和拟合的误差，这些拟合的残差近似代表该点的曲率，并被排序用于种子点的选取。那些误差低的点被作为起始增长的种子点，利用前期计算出的法向量和误差进行区域增长，领域周围法向量接近并且误差低的点被加入到同一个增长区域。

Pfeifer 等 2005 年提出了一套适合于机载激光扫描仪的区域增长算法。该算法首先利用 k 邻域计算每个点的法向量，随机选取法向量及其邻域符合一定条件的种子点，并计算该点的初始拟合平面。在区域增长过程中，那些法向量、离拟合平面距离和离当前点距离相近的点被增加到增长区域，拟合平面也随之调整。

基于区域增长的分割方法具有简单高效的特点，但它受噪声点的干扰也很大，容易产生过分割。解决过分割的一个办法是在区域增长法分割完成后，依据指定的阈值来合并分割后的子区域。

3. 基于模型拟合的分割方法

当前大部分的人类制造的东西可以被分解为诸如平面、圆柱以及球等基础的几何形状。基于模型拟合的分割方法就是在这些由基础几何体构成的点云中匹配基础形状，属于同一形状的点被划归为一类。激光扫描仪生成的点云数据经常由于噪声点、拼合误差以及观测误差而造成一些无效点。一些学者提出了能够从这些含有无效点的数据中匹配几何形状的稳健的参数评估算法，包括三维霍夫变换(3D Hough transform)和随机抽样一致(random sample consensus, RANSAC)等。

三维霍夫变换将点云中的点集映射到平面的参数空间，再通过统计或聚类的方法找寻出最合适的平面参数。Overby 等(2004)将三维霍夫变换应用于三维建筑物点云的平面检测。Vosselman 等 (2004)提出了在保证可靠性的前提下，利用法向量加速平面检测的改进的三维霍夫变换算法。作者采用法向量和一个坐标点来定义平面，平面的参数在参数空间直接映射为一个点，这样就避免了平面的相交计算，提高了检测的效率。

随机抽样一致算法用于在含有大量噪声点和边的点云数据中稳健地检测出模型的参数。随机抽取样本，该方法能够检测出大量的可能的基础几何形状，通过迭代的比较和排序，最终匹配出最优的分割方案。Bretar 等(2005)提出了基于法向量驱动的建筑物屋顶平面提取算法(ND-RANSAC)。该算法首先估算每个点的法向量，然后随机抽取 3 个具有近似法向量的点进行迭代计算。随机抽样一致算法被用于检测平面、球、圆柱等基础形状(Schnabel et al，2007a，2007b，2007c)，利用基于八叉树的局部采样策略来随机选取最小子集。连通性、距离阈值、表面拟合误差作为主要的评估参数被用于备选形状时挑选点。

基于模型拟合的分割方法具有稳健、抗干扰性强等特点，其缺点主要是仅面向基础几何图形进行检测，对于复杂曲面难以适用。另外，由于存在大量的匹配迭代运算，其检测的效率较低。

4. 混合分割方法

该类方法主要是多种分割方法的综合应用。一般情况下，由于区域增长分割方法考虑了点云的连通属性，因此经常与其他平面检测方法融合使用。Elberink 等 (2006)采用霍夫变换进行区域增长法的种子点的选取。Roggero (2002)结合主成分分析(principal component analysis，PCA)和区域增长法来对机载激光扫描数据进行了分割。

面向特定的点云数据，混合分割方法大多继承了相关算法的优势，摒弃或弱化了其缺陷，因此往往具有较好的适用性。

5.1.2 古建筑点云分割 GAOF 算法整体策略

古建筑的点云数据与医学、工业设计等领域的三维激光扫描数据有较大的不同：首先，古建筑具有较大的空间尺寸，由于所需扫描的各部分构件多，点云数据量十分庞大；其次，古建筑的不可移动性造成了各构件进行完整测量的困难性(如嵌入墙体的柱子)，各构件的测量精度也随测量的局限性而受影响，从而最终导致点云数据的质量下降；最后，古建筑大部分构件表面为规则几何面，主要由柱、础、斗(枓)、拱(栱)、梁、瓦构成。

故宫太和殿外南面牌坊的点云数据如图 5.1 所示。由于古建筑物保护的特殊需求，一方面建筑物构件体积大，另一方面又要求扫描数据有较高的精度，需要保留浮雕、纹理等丰富的细节，因此点云的数据量往往比较庞大。故宫太和殿外南面牌坊的点云数据多达105万个。

图5.1 太和殿外南面牌坊点云数据

太和殿外南面牌坊的点云分布细节如图5.2所示。受彩绘、浮雕和建筑物本身的精度问题的影响，点云数据表面往往凹凸不平，这些人为的噪声点使点云的法向量和曲率在估算时容易出现较大偏差。

图5.2 柱子点云的细节

图5.3展示了柱子和横梁扫描时，由于构件的不可移动性及扫描的角度等原因，柱子侧面及横梁下方点云密度较为稀疏。点云密度的异常变化，使得很多分割算法在此处往往会产生不适用性(如过分割等)。

图 5.3　由于扫描角度产生的点云密度不均匀

由于古建筑点云的特殊性，通用领域的分割方法在应用时往往具有较大的不适用性。针对这些问题，本节提出了适用于古建筑点云的一种混合分割方法。整体思路如图 5.4 所示。

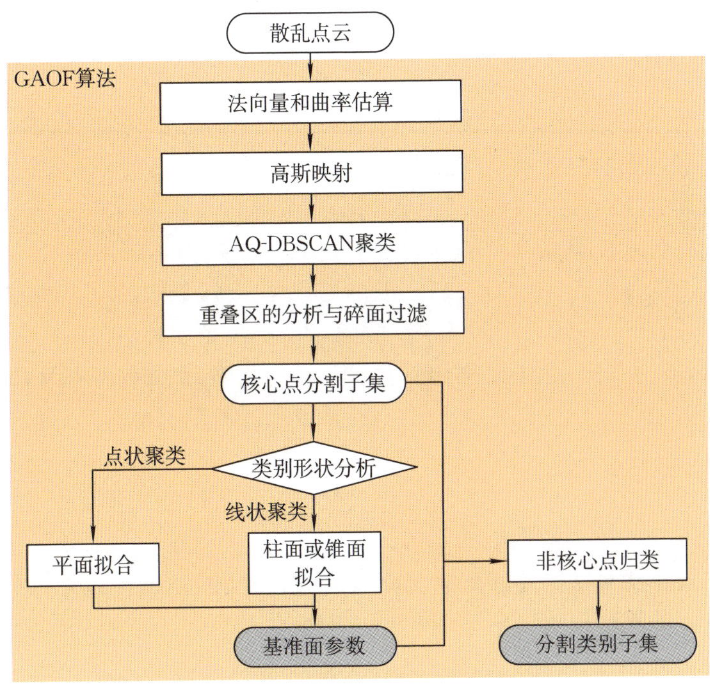

图 5.4　古建筑点云数据的分割思路

整个处理过程输出的成果包括点云分割后的类别子集、各子集的基准面参数，以及各子集的三角网模型。GAOF 算法实现了古建筑点云的分割和基准面拟合，整个算法由高斯映射、AQ-DBSCAN 聚类、重叠区的分割与碎面过滤、基准面拟合、噪声点归类五部分组成。高斯映射可以建立空间曲面和高斯球上点的对应关系，然后采用 AQ-DBSCAN 聚类的算法依据法向量的分布特征将高斯球上的点粗分割为不同的子集，同时区别出核心点和噪声点，在此基础上对核心点进行重叠区的分析和再分割。核心点分割完成后进行特征的拟合，最后结合拟合的参数对噪声点进行归类。该算法基于预定义模型及其可能的相互关系，结合高斯映射、曲率特征的聚类分析，在全局上对点云几何特征进行统计分析，区别干扰点和核心点；利用已知古建筑构件几何特征对核心点进行形状分析和特征提取，在此基础上结合面分割算法完成全部点云的基准面提取。整个算法采用自顶向下模式，有效融合空间域和高斯域的分割处理，不仅有较强的抗干扰性，而且自适应性强，能够依据点云数据特点自动生成处理参数，并且可以在分割的同时获取曲面特征参数，一体化完成分割和特征拟合。

下面将分别阐述分割策略中每个环节的算法及思路。

5.2 微分几何信息估算

估算局部微分几何信息是数字几何处理的基础研究课题之一。微分几何信息估算包括法向量、主曲率、高斯曲率、平均曲率和主方向等。这些局部几何量反映了物体外形的内在特征。在三维模型的分割、配准、检索、去噪和三维重建等领域得到广泛应用。

微分几何信息估算完全解决了直接计算具有解析表达式的连续曲面一、二阶微分几何量的问题。但是，如何快速、准确地计算离散采样数据所表示曲面的局部微分几何量，还没有得到很好的解决。很多学者提出了多种不同的估算一、二阶微分量的方法，其中法向量、主曲率、高斯曲率、平均曲率、主方向等是常用的微分量。多数的估计方法是在深度图像或多边形网格数据的基础上估算。这些方法可以分为两大类：连续函数离散化方法和基于最小二乘准则的估计方法。连续函数离散化方法是直接根据各采样点处的信息来近似计算各阶微分几何量。其中最常用的是 1995 年 Taubin 提出的三维曲率张量法，这一方法适用于顶点均匀分布的规则网格曲面。最小二乘法则是根据采样点拟合连续曲面，然后由该曲面估算各阶微分几何信息。估算法向量一般采用拟合平面来估算，而二阶微分几何信息则采用二阶多项式曲面、三阶多项式曲面、广义二次曲面等。这些方法一般较适用于采样点分布均匀的情况，或者用于不规则三角网。而古建筑点云数据采样点分布不规

则、噪声多，这些微分信息估算方法不能很好地满足要求。

传统大多数方法估算二阶微分信息时只考虑采样点本身的法向信息，这使得二阶微分信息的估算十分依赖该点法向信息的准确性。如果数据存在噪声，则精确性大打折扣。Goldfeather 等(2004)提出利用所有邻域点的位置和法向信息拟合三次多项式曲面的思路，引起了广泛关注。程章林等(2009)提出了一种计算法向量的优化方法(normal refitting，NR)，以及单位法向量的偏微分来计算各点的最大主曲率、最小主曲率及其对应主方向，取得了较好效果。

本书采用的微分几何信息估算方法也是最小二乘法。用稳健特征值法拟合平面，获取初始法向量。综合考虑邻域内 $k+1$ 个点的法向信息，通过法向拟合修正各点的初始法向量，得到更准确的法向信息。不同于传统的按照点位拟合曲面的方法，本书用法向拟合曲面来估计二阶微分几何信息。该方法的基本思路是：用采样点 P_0 的 k 邻域基于改良特征值法拟合该点的切平面，用该平面的法向量作为该点的初始法向量。在此基础上建立局部坐标系，在此局部坐标系下，对采样点 P_0 的局部邻域内各点的初始法向量进行修正，得到采样点 P_0 的修正法向量及其法向偏导数。根据修正后的法向偏导数构造出采样点 P_0 的二阶魏因加滕(Weingarten)矩阵，这一矩阵的特征值为 P_0 处的最大主曲率、最小主曲率，它们的乘积为高斯曲率，算术平均值为平均曲率，这两个特征向量的两种加权线性组合就是采样点 P_0 处的最大、最小主曲率对应的主方向。这一方法采用 k 邻域方法，较 R 邻域更适用于采样密度不均匀的数据，采用稳健特征值法拟合平面获得的法向量精度更高。该方法充分利用了邻域内所有法向量的信息来进行二阶微分信息估算，抗噪性较强，更适用于古建筑点云数据特点。具体步骤如图 5.5 所示。

5.2.1 输入离散点云数据

地面激光雷达点云获取包含资料搜集与现场踏勘、控制方案设计、扫描方案设计与现场扫描等过程。三维激光扫描仪进行数据采集时，采集的点云数据不可避免会包含各种因素产生的噪声。依据扫描过程中产生噪声机制的不同，可以将噪声分为系统噪声、目标噪声和环境噪声。在实际数据处理中，一般按照不同尺度的噪声进行滤除。

激光雷达系统一般随机携带数码相机，可获取光谱信息。一次单站扫描所获得的信息包括 X、Y、Z、Grey(灰度)、R(红)、G(绿)、B(蓝)。本小节只需要将三维点云数据转化为 X、Y、Z 数据格式，删除其他信息后作为输入数据。

5.2.2 初始法向量估算

法向量估算是估算其他微分几何信息的基础，因此法向量估算是否准确对后

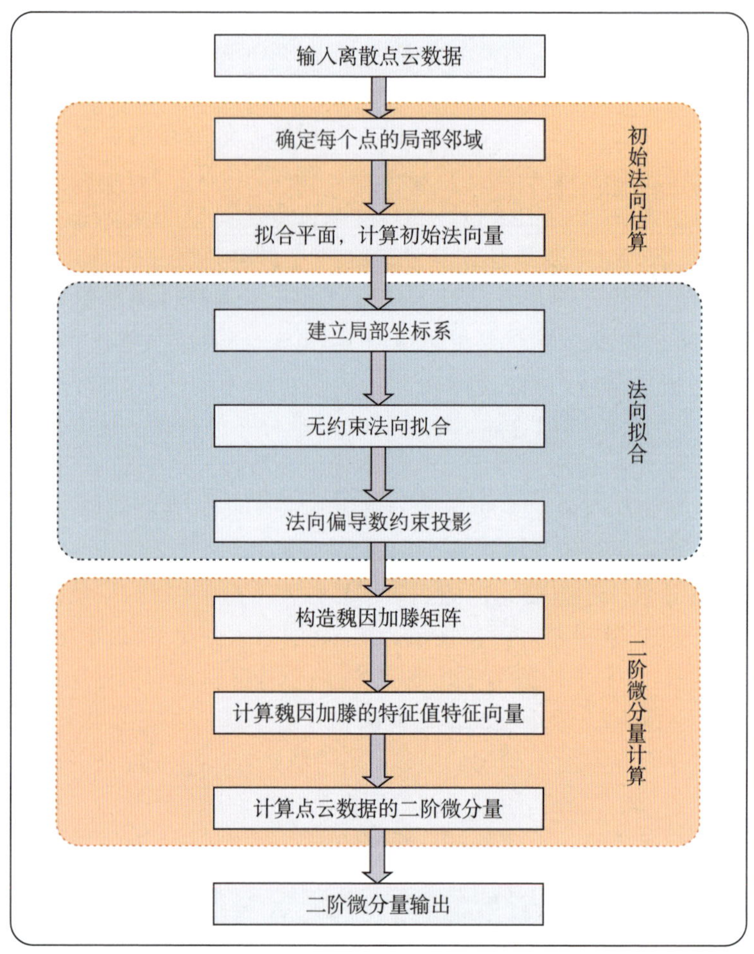

图 5.5　微分几何信息估算流程

续微分量的计算有很大影响。通常将离散点云中任意一点的 k 近邻拟合的平面的法向量作为这一点的初始法向量。

1. 确定 k 邻域

计算点云数据微分几何信息时，邻域选取十分重要，直接影响后续法向量的计算结果。邻域选取有欧氏邻域选取以及 k 邻域选取两种方法。对于密度不均匀的点云数据，k 邻域选取方法比欧氏邻域选取更适用。k 邻域是最近邻的扩展，最近邻是选取与采样点距离最近的一个点，而 k 近邻则选取与采样点距离最近的 k 个点。最近邻搜索的算法，我们在前面进行了详细的阐述，对于 k 近邻搜索的算法，在其基础上很容易得到。这里不再赘述。

2. 平面拟合，计算初始法向量

欲得到三维点云数据中任意采样点 P_0 的初始法向量，首先需要对采样点 P_0 及其 k 近邻点进行平面拟合。平面拟合的方法可分为最小二乘法和特征值法。

最小二乘法利用如下平面方程

$$z = \boldsymbol{a}x + \boldsymbol{b}y + \boldsymbol{c} \tag{5.2}$$

根据最小二乘原理计算平面参数，这一方法假定只有 z 方向存在误差。但实际上点云数据在 x、y、z 三个方向都有误差，因此这一方法用于点云数据效果不佳。

特征值法是根据平面方程得到平面的参数，方程式如下

$$\boldsymbol{a}x + \boldsymbol{b}y + \boldsymbol{c}z = \boldsymbol{d} \tag{5.3}$$

式中：$\boldsymbol{a}$、$\boldsymbol{b}$、$\boldsymbol{c}$ 为平面的单位法向量，即 $\boldsymbol{a}^2 + \boldsymbol{b}^2 + \boldsymbol{c}^2 = 1$；$\boldsymbol{d}$ 为坐标原点至平面的距离，$|\boldsymbol{d}| \geqslant 0$。这种方法较适用于在 x、y、z 三个方向都存在误差点云数据的情况。但如果采样点存在噪声时，则会影响平面拟合精度。因此有学者在特征值法的基础上进行改良，计算每个点到拟合平面的距离，如果大于阈值，则当作噪声剔除，用剩余的点再进行拟合，如此循环，直到所有参与拟合平面的点与拟合的平面距离都在阈值范围之内为止(官云兰 等，2008)。本书即采用这种改良的特征值法来拟合平面。

求取 $\boldsymbol{a}$、$\boldsymbol{b}$、$\boldsymbol{c}$、$\boldsymbol{d}$ 四个参数是根据特征值法获取拟合平面的关键。而 $\boldsymbol{a}$、$\boldsymbol{b}$、$\boldsymbol{c}$ 即这一拟合平面的法向量。设某一采样点 P_0 及其 k 个近邻点共 $k+1$ 个点，即

$$\{(x_i, y_i, z_i) \mid i = 0, 1, 2, \cdots, k\}$$

利用式(5.3)表示平面方程，则任意一数据点 (x_i, y_i, z_i) 至该平面的距离为

$$d_i = |\boldsymbol{a}x_i + \boldsymbol{b}y_i + \boldsymbol{c}z_i - \boldsymbol{d}| \tag{5.4}$$

要得到最优拟合平面，则应满足

$$\mathrm{Sum} = \sum_i d_i^2 = \sum_i (\boldsymbol{a}x_i + \boldsymbol{b}y_i + \boldsymbol{c}z_i - \boldsymbol{d})^2 \to \min$$

同时满足条件 $\boldsymbol{a}^2 + \boldsymbol{b}^2 + \boldsymbol{c}^2 = 1$。

利用求函数极值的拉格朗日乘数法，组成函数

$$f = \sum_i d_i^2 - \lambda(\boldsymbol{a}^2 + \boldsymbol{b}^2 + \boldsymbol{c}^2 - 1) \tag{5.5}$$

将式(5.5)对 $\boldsymbol{d}$ 求导，并令导数为 0，得

$$\frac{\partial f}{\partial \boldsymbol{d}} = -2\sum_i (\boldsymbol{a}x_i + \boldsymbol{b}y_i + \boldsymbol{c}z_i - \boldsymbol{d}) = 0$$

则有

$$\boldsymbol{d} = \boldsymbol{a}\frac{\sum_i x_i}{k+1} + \boldsymbol{b}\frac{\sum_i y_i}{k+1} + \boldsymbol{c}\frac{\sum_i z_i}{k+1} \tag{5.6}$$

设 $\bar{x}=\frac{\sum_i x_i}{k+1},\bar{y}=\frac{\sum_i y_i}{k+1},\bar{z}=\frac{\sum_i z_i}{k+1}$，则 $\boldsymbol{d}=\boldsymbol{a}\bar{x}+\boldsymbol{b}\bar{y}+\boldsymbol{c}\bar{z}$

因此式(5.4)可改写为

$$d_i=|\boldsymbol{a}(x_i-\bar{x})+\boldsymbol{b}(y_i-\bar{y})+\boldsymbol{c}(z_i-\bar{z})| \tag{5.7}$$

设 $\Delta x_i=(x_i-\bar{x})$，$\Delta y_i=(y_i-\bar{y})$，$\Delta z_i=(z_i-\bar{z})$，将式(5.5)对 $\boldsymbol{a}$、$\boldsymbol{b}$、$\boldsymbol{c}$ 分别求导并令导数为0，得

$$2\sum_i(\boldsymbol{a}\Delta x_i+\boldsymbol{b}\Delta y_i+\boldsymbol{c}\Delta z_i)\Delta x_i-2\lambda a=0$$

$$2\sum_i(\boldsymbol{a}\Delta x_i+\boldsymbol{b}\Delta y_i+\boldsymbol{c}\Delta z_i)\Delta y_i-2\lambda b=0$$

$$2\sum_i(\boldsymbol{a}\Delta x_i+\boldsymbol{b}\Delta y_i+\boldsymbol{c}\Delta z_i)\Delta z_i-2\lambda c=0$$

构成特征值方程式，得

$$\begin{bmatrix}\sum_i\Delta x_i\Delta x_i & \sum_i\Delta x_i\Delta y_i & \sum_i\Delta x_i\Delta z_i\\ \sum_i\Delta x_i\Delta y_i & \sum_i\Delta y_i\Delta y_i & \sum_i\Delta y_i\Delta z_i\\ \sum_i\Delta x_i\Delta z_i & \sum_i\Delta y_i\Delta z_i & \sum_i\Delta z_i\Delta z_i\end{bmatrix}\begin{bmatrix}\boldsymbol{a}\\ \boldsymbol{b}\\ \boldsymbol{c}\end{bmatrix}=\lambda\begin{bmatrix}\boldsymbol{a}\\ \boldsymbol{b}\\ \boldsymbol{c}\end{bmatrix}$$

根据条件 $\boldsymbol{a}^2+\boldsymbol{b}^2+\boldsymbol{c}^2=1$，求出最小特征值 $\lambda_{\min}$，其对应的特征向量即为欲求平面方程式的参数 $\boldsymbol{a}$、$\boldsymbol{b}$、$\boldsymbol{c}$。

计算邻域内每个点到此平面的距离，判断是否超过阈值，删除超过阈值的点，重新按照特征值法拟合平面，再次计算点到平面的距离，循环进行，直到所有点到拟合平面的距离都在阈值之内。最终平面的参数记为 P_0 点的初始法向量，记为 (X_0,Y_0,Z_0)。

5.2.3 法向拟合

在计算出三维点云数据中所有点的初始法向量后，接下来还需在邻域范围内对初始法向量进行纠正。然后可以用线性多项式函数对离散点云数据中任何一个采样点 P_0 及其局部邻域内所有采样点的法向量进行拟合，求取采样点 P_0 的法向偏导数，进而计算曲面在该点处的二阶微分量。

1. 建立局部坐标系

P_0 点的微分几何信息都是在局部坐标系下进行计算的。该坐标系以 P_0 为坐标原点，该点的法向量方向作为 Z 轴，与 Z 轴垂直的平面上的任意两个互相垂直的方向作为 X 轴和 Y 轴。建立好局部坐标系后，通过坐标变换将采样点 P_0 和其

k 个邻域点的坐标及初始法向量都转换到此坐标系下，从而计算 P_0 的各微分几何信息。

2. 无约束法向拟合

在采样点 P_0 的局部邻域内光滑曲面 $s(u,v)$ 的单位法向量 $\boldsymbol{n}(u,v)=(X,Y,Z)$ 也是连续函数。为了计算初始法向量的偏导数，对采样点 P_0 邻域内的初始法向量 (n_x,n_y,n_z) 的前两个分量分别独立用一阶泰勒展开式进行平面拟合，即

$$n_x(u,v)=X_0+X_u u+X_v v$$

$$n_y(u,v)=Y_0+Y_u u+Y_v v$$

式中：u、v 为曲面 S 的两个未知参数；X_0、Y_0 为法向量的第一分量和第二分量；X_u、X_v 为 X_0 关于 u、v 的偏导数；Y_u、Y_v 为 Y_0 关于 u、v 的偏导数。参数 X_0、Y_0、X_u、Y_u、X_v、Y_v 称为拟合系数，这些拟合系数可以通过线性拟合求出，然后修正初始法向量，单位化后记为$(X_0, Y_0, \sqrt{1-X_0^2-Y_0^2})$，称为修正法向量。初始法向量的 4 个一阶偏导数$(X_u,X_v,Y_u,Y_v)$也同时得到，用于计算二阶微分量。

3. 法向偏导数的无约束投影

对于光滑曲面来说，任意点的修正法向量 (X,Y,Z) 及其一阶偏导数(X_u,X_v,Y_u,Y_v)满足以下约束关系

$$XYX_u-(1-Y^2)X_v+(1-X^2)Y_u-XYY_v=0$$

将上一步法向线性拟合得到的计算结果 X_u、X_v、Y_u、Y_v 向约束平面投影，即

$$X_0Y_0X_u-(1-Y_0^2)X_v+(1-X_0^2)Y_u-X_0Y_0Y_v=0$$

得到新的法向偏导数 X'_u、X'_v、Y'_u、Y'_v。

5.2.4 二阶微分量计算

离散点云数据确定的曲面的二阶微分量主要包括最大、最小主曲率 k_1、k_2，最大、最小主曲率对应的主方向 e_1、e_2，高斯曲率 K，以及平均曲率 H。这些二阶微分几何量可由曲面上各点所确定的魏因加滕矩阵 $\boldsymbol{w}$ 及修正法向量$(X_0,Y_0,\sqrt{1-X_0^2-Y_0^2})$计算得到(程章林 等,2009)。

1. 构造魏因加滕矩阵

魏因加滕矩阵 $\boldsymbol{w}$ 与法向偏导数之间的关系式为

$$\boldsymbol{w}=-\begin{bmatrix} X_u & X_v \\ Y_u & Y_v \end{bmatrix} \tag{5.8}$$

根据法向拟合得到的修正法向量一阶偏导数得到曲面在 P_0 点的魏因加滕矩阵

$$w = -\begin{bmatrix} X'_u & X'_v \\ Y'_u & Y'_v \end{bmatrix} \tag{5.9}$$

计算三维离散点云数据所确定的曲面在 P_0 点的曲面 S 的两个方向的切向量为

$$\boldsymbol{s}_u = \left(1, 0, -\frac{X_0}{\sqrt{1 - X_0^2 - Y_0^2}}\right)$$

$$\boldsymbol{s}_v = \left(0, 1, -\frac{Y_0}{\sqrt{1 - X_0^2 - Y_0^2}}\right)$$

2. 计算魏因加滕矩阵的特征值和特征向量

利用矩阵理论中的奇异值分解(singular value decomposition,SVD)方法计算二阶魏因加滕矩阵 $\boldsymbol{w}$ 的特征值 λ_1、λ_2($\lambda_1 \geqslant \lambda_2$),以及这两个特征值对应的特征向量 $\boldsymbol{v}_1 = (v_{11}, v_{12})$,$\boldsymbol{v}_2 = (v_{21}, v_{22})$,这里的 v_{11}、v_{12}、v_{21}、v_{22},都是表示实数,对特征向量进行单位化。

3. 计算二阶微分量

最大主曲率、最小主曲率、平均曲率、高斯曲率,是以两个特征值中较大的作为最大主曲率的特征值,较小的作为最小主曲率,两个特征值的算术平均值作为平均曲率,两个特征值的积作为高斯曲率。设三维离散点云所确定的曲面在采样点 P_0 的魏因加滕矩阵的特征值为 λ_1、λ_2($\lambda_1 \geqslant \lambda_2$),则最大主曲率 $k_1 = \lambda_1$,最小主曲率 $k_2 = \lambda_2$,高斯曲率 $K = k_1 k_2$,平均曲率 $H = (k_1 + k_2)/2$。设三维离散点云所确定的曲面在采样点 P_0 的魏因加滕矩阵的特征向量为 $\boldsymbol{v}_1 = (v_{11}, v_{12})$,$\boldsymbol{v}_2 = (v_{21}, v_{22})$,则最大主曲率对应的主方向为

$$\boldsymbol{e}_1 = v_{11}\boldsymbol{s}_u + v_{12}\boldsymbol{s}_v$$

最小主曲率对应的主方向为

$$\boldsymbol{e}_2 = v_{21}\boldsymbol{s}_u + v_{22}\boldsymbol{s}_v$$

5.3 点云高斯映射

高斯映射,就是将点云中各点的单位法向量映射至单位球上,使点云中的点与球面上的点一一对应,球面上的点被称为点云的高斯图。

设点集 $X = \{x_i \mid i = 1, \cdots, n\}$,其中 $x_i \in \mathbb{R}^3$。令点 x_i 处的单位法向量为 $\boldsymbol{N}(x_i)$,将 $\boldsymbol{N}(x_i)$ 起点平移到坐标轴原点,则 $\boldsymbol{N}(x_i)$ 的终点落在单位球上。最终使点 x_i 与 $\boldsymbol{N}(x_i)$ 一一对应,这种对应被称为点集 X 的高斯映射 $G: X \to G(X)$,其中 $G(X) = \{\boldsymbol{N}(x_i) \mid x_i \in X\}$ 被称为点集 X 的高斯图。

如图 5.6 所示,不同类型曲面的高斯映射点具有不同的分布规律。

(1)零维分布(平面):曲面法矢为常数 $np = n$(np 是平面上点 p 的法矢,n 是平

面法矢)，法矢映射点在高斯球上重合于一点。

(2)一维分布(圆锥面、圆柱面、一般拉伸面)：np 与轴线成固定夹角 θ，$np \cdot s = c$($c = \cos\theta$ 是一常数)，法矢映射点在高斯球上构成一条二次圆弧曲线。

(3)二维分布(球面、圆环面、一般直纹面)：np 在高斯球上的映射点均匀分布在球面上。

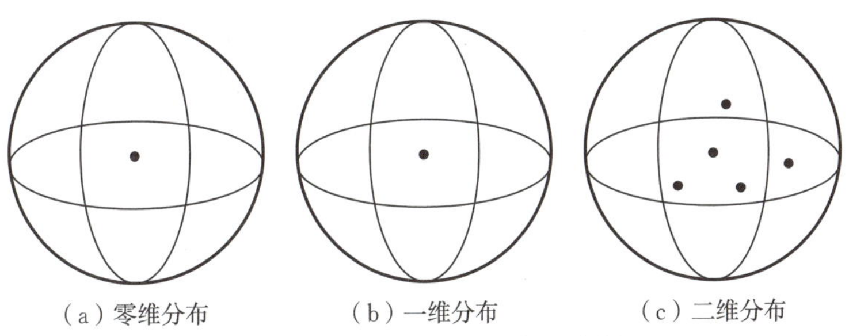

图 5.6　不同类型球面的高斯映射

与工业领域零部件的点云映射相比，古建筑构件的点云映射具有更不精确、更不规则和干扰更多等特点。对古建筑部分构件高斯映射后的情况进行分析。图 5.7 为柱子(左侧)及其附属构件的高斯映射。点云在高斯球上大部分映射为大圆弧环，但由于柱子本身存在表面坑洼、几何造型不精确、辅助构件干扰，以及噪声点等问题，整体点云映射的结果出现一些变化。图中①处为柱子顶部向上略微倾斜收窄的部分，在高斯球上映射为小型的不规则圆环；②处和③处分别为圆柱和横牌的接合处。

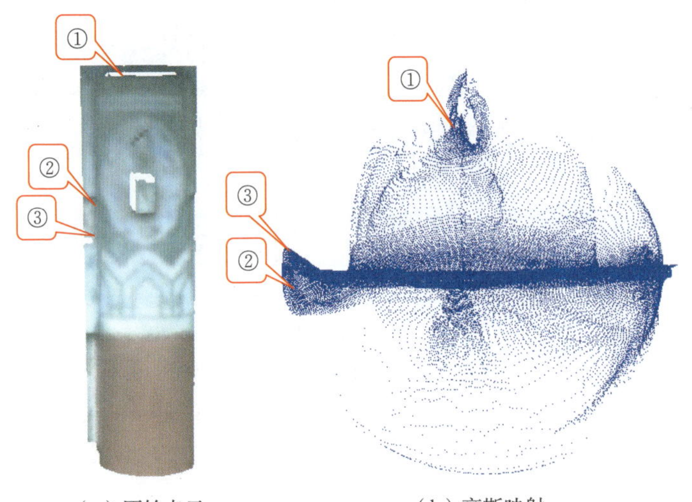

图 5.7　柱子及其附属构件的点云高斯映射

5.4 AQ-DBSCAN 密度聚类

将点云数据映射到高斯球上后，很难通过直接对其进行分析来实现点云的分割。因此，需要在高斯球上对映射点集进行聚类，筛选出核心点集，为后期点云数据的特征提取和分割打下基础。

5.4.1 聚类方法概述

一般聚类方法包括 4 种：层次方法、划分方法、基于密度的方法和基于网格的方法。

1. 层次方法

层次方法是对给定的集合进行层次似的分解，直到满足某种条件。层次方法主要包括自上而下和自下而上两种。自上而下是先划分所有数据对象到一类，然后将这些类逐步分解成越来越小的子类，直到满足终止条件。自下而上方法正好相反，是以每一个对象作为最小类，然后将这些最小类按照规则逐步聚合成越来越大的类，直到满足终止条件。层次方法的缺陷在于它的不可逆性，一旦被分解或者聚类，就只能继续做下去，不能对错误的决定进行改正。层次聚类算法主要包括 CURE 算法和 BIRCH 算法。

2. 划分方法

给定一个有 C 个对象的集合，构造 N 个分组，每个分组是一个聚类（$N < C$）。对于给定的 N 个分组，首先给出一个初始的分组，然后通过迭代计算来改变分组中的对象，每一次改进之后的分组方案都较前一次好。对数据量不大的集合，人们发现球状簇划分方法较为适用。但它无法适用于任意形状的聚类，并且对大数据量的集合进行聚类的效率较低。划分方法的算法主要包括 k- 均值聚类算法（k-means）等。

3. 基于密度的方法

在基于密度的聚类方法中，簇是数据空间中被低密度区域分割开的高密度对象区域，而稀疏数据区域中的数据被认为是噪声数据。该算法设定一定的阈值，只要某点邻近区域的密度大于这个阈值，聚类就可以继续进行。基于密度的方法优点是可以发现任意形状的聚类，并能过滤噪声数据。其主要缺点是对用户定义的密度参数比较敏感，不同的阈值对于聚类的结果影响比较大。基于密度方法的典型算法包括 DBSCAN 算法（density-based spatial clustering of applications with noise）等。

4. 基于网格的方法

基于网格的聚类方法是利用多分辨率的网格结构来组织集合数据，它量化空间为有限数目的单元网格，并在这些单元网格上进行聚类操作。由于处理时间和数据对象的个数无关，只与量化空间中的单元网格数目相关，因此在面对海量数据时，处理速度快是基于网格的聚类方法的主要优点，但分割准确性不够高。基于网格的聚类方法主要包括小波转换（wave-cluster）、统计信息网络（statistical information grid, STING），以及聚类高维空间（clustering in quest，CLIQUE）等算法。

5.4.2 DBSCAN 算法及其适用性

考虑到古建筑物点云在高斯球面的聚类有多种形状，并且其中存在大量的噪声点。因此基于密度的聚类方法比较适用于该类数据的聚类。点集 X 中一点 x_i 处的密度一般可以定义为

$$f^D(x)=\sum_{i=1}^{n}K\left(\frac{x-x_i}{\sigma}\right)U(x_i) \tag{5.10}$$

式中：$U(x_i)$ 是点 x_i 的权重；$K\left(\frac{x-x_i}{\sigma}\right)$ 是核函数，核函数通常选择在原点对称的密度函数，如高斯函数、Epanechnikov 核函数等；σ 为核函数的带宽，实际上代表了一个以 σ 为半径的 r 球邻域。令

$$U(x_i)=\{1 \mid x_i \in X\} \tag{5.11}$$

$$K\left(\frac{x-x_i}{\sigma}\right)=\begin{cases}1, & \frac{\|x-x_i\|}{\sigma}\leqslant 1\\ 0, & \frac{\|x-x_i\|}{\sigma}>1\end{cases} \tag{5.12}$$

则 $f^D(x)$ 就是 DBSCAN 算法中对密度的定义。

DBSCAN 算法是属于密度聚类的一种经典算法。该算法的主要概念定义如下：

（1）σ 邻域：给定数据集合 X，x_0 是集合 X 中的一个对象，则以 x_0 为中心，以 σ 为半径的维超球体区域称为 x_0 的 σ 邻域 $\sigma(x_0)$，即

$$\sigma(x_0)=\{x\in X \mid D(x,x_0)\leqslant\sigma\} \tag{5.13}$$

式中：$D(x,x_0)$ 表示 x 与 x_0 间的距离。

（2）核心点：对于 $x_0\in X$，给定整数 $MinPts$，如果 $\sigma(x_0)$ 内的对象个数满足 $|N\sigma(x_0)|\geqslant MinPts$，则称 x_0 为（σ，$MinPts$）条件下的核心点。落在某个核心点的 σ 邻域内，但不是核心点的对象，称为边界点。

(3)直接密度可达：在条件 $(\sigma, MinPts)$ 下，如果对象 x 和 x_0 满足

$$x \in \sigma(x_0)$$

$$|N\sigma(x_0)| \geqslant MinPts$$

则称 x 是从 x_0 直接密度可达的。

(4)密度可达：在数据集 X 中，对于对象序列 $x_0, x_1, x_2, \cdots, x_n$，如果在条件 $(\sigma, MinPts)$ 下，x_i 到 x_{i+1} 是直接密度可达的 $(0 \leqslant i < n)$，则称对象 x_0 到 x_n 是密度可达的。

(5)密度相连：给定数据集 X，在 $(\sigma, MinPts)$ 条件下，如果存在对象 x_0，x_i 和 x_j，使得 x_0 到 x_i 和 x_0 到 x_j 是密度可达的，那么称 x_i 和 x_j 在 $(\sigma, MinPts)$ 条件下是密度相连的。

(6)簇和噪声：所有密度相连的对象构成一个簇，如果一个对象不在任何簇中，那么这个对象被称为噪声。

DBSCAN 算法的步骤具体如下。

```
输入:点集 X
输出:X 的聚类及其对应的元素

  for(i = 0; i<X 的元素个数; i ++){
    if(x_i 没有被处理 ){
      if( | Nσ(x_i) | ≥MinPts ){
        建立新簇 C_i,标记 x_i 为已处理
        将 σ(x_i)内的所有未处理点加入到 C_i,并将这些点标记为已处理
        NC_i = C_i 当前的元素个数
        for(k = 0; k<NC_i; k ++){
          if( | Nσ(c_k) | ≥MinPts ){
            将 σ(c_k)内的所有未处理点追加到 C_i,将这些点标记为已处理
            NC_i = C_i 当前的元素个数
          }
        }
      }
      else{
        将 x_i 归为噪声点,并标记为已处理
      }
    }
  }
```

DBSCAN 算法需要预先给定 σ 和 $MinPts$ 这两个参数，通过迭代搜索密度直

接可达的点来建立簇。Ester 等(1996)给出了这两个参数的选择方法：

(1)指定 $MinPts$ 为 4，对于任意 $x \in X$，计算与 x_0 最近的 4 个点的最远距离 $D(x)$，遍历 X 中所有的点进行计算，得到集合 $D=\{D(x) \mid x \in X\}$。

(2)对 D 进行排序，并以点个数为横坐标、距离为纵坐标绘制曲线。

(3)计算并寻找曲线加速向上的拐点，拐点对应的距离就是 σ 邻域的半径。

古建筑物构件的几何形状主要包括平面、圆柱等类型，映射到高斯球上为点、线等形状。DBSCAN 算法能够识别任意形状的聚类，对于古建筑物高斯映射点云的初步分割具有较强的适用性。由于 DBSCAN 算法对每个点都要进行领域查询和计算，运算效率较低，其时间复杂度为 $O(n^2)$。对于数据量很大的古建筑点云来说，DBSCAN 聚类算法的效率特别低。

DBSCAN 算法在确定 $(\sigma, MinPts)$ 参数时，需要进行统计计算，来绘制密度和点个数的曲线图，再通过人工选取来确定参数，人工选取显然不适用于自动化古建筑点云分割的需求。

5.4.3 AQ-DBSCAN 算法

针对古建筑点云数据的特点，本书提出了 AQ-DBSCAN 算法。该算法主要解决参数自动估算和快速密度聚类处理的问题。

1. 参数自动估算

Ester(1996)提出的参数估算是人工的判断方法，不能满足自动化点云分割的要求。下面提出一种自动化估算算法。

参照 DBSCAN 算法设定，本算法设 $MinPts$ 为 4。令 $G(X_i)$ 是 X 点集在高斯球上的映射 $G(X)$ 中的一个元素，在高斯球上搜索 $G(X_i)$ 点集距离最近的第 $MinPts$ 个点。令该距离为 D_{MinPts}，计算每个点的 D_{MinPts}，并统计最大距离 $D_{\max}$ 与最小距离 $D_{\min}$。将最大距离和最小距离的差分成若干等份，每等份的间距为 Δ。统计出 D_{MinPts} 在以 Δ 为递增单位区间内包涵的点的总个数，则 m 个 Δ 区间内包含的点的总数 N_m 为

$$N_m = NG(X), 0 < D_{MinPts} \leqslant m\Delta \quad (m=0,1,\cdots,500)$$

以 $m\Delta$ 为横坐标、N_m 为纵坐标形成曲线图，则随着 m 的增加，N_m 递增逐渐减少。点云数据的 N_m 曲线如图 5.8 所示。

图 5.8 中，由于平面和柱面在高斯球上的 D_{MinPts} 有一定差别，因此 N_m 曲线在向上延展的过程中表现出些微的波浪起伏。连接 N_m 曲线的起点和终点形成直线 L，再计算 N_m 曲线上每一点距直线 L 的距离 H，统计 H 最大的点，该点的横轴值即是 σ 参数的取值。

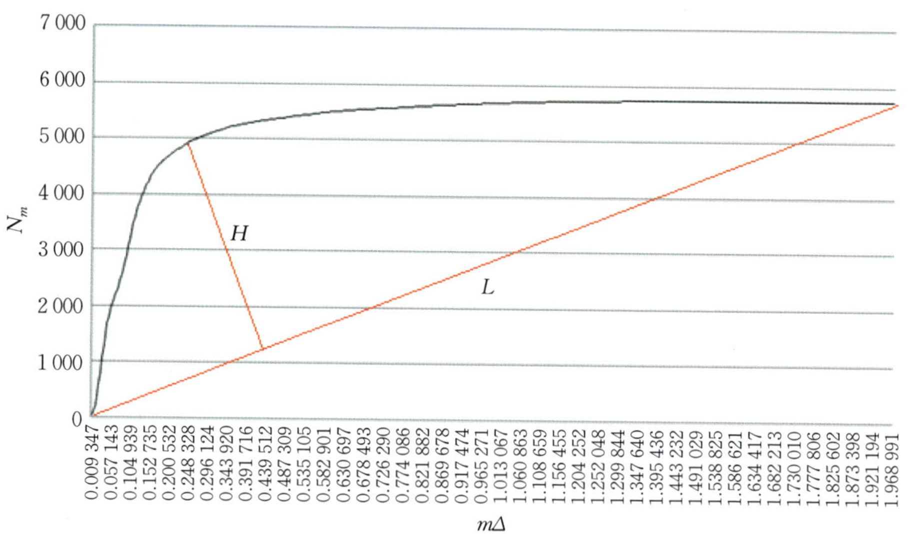

图 5.8　N_m 曲线

参数 σ 统计的算法步骤具体如下。

```
输入:点集 X
输出:参数 MinPts 和 σ
    设定 MinPts 为 4
    创建距离集合 D
    查询离 x_0 最近的 4 个点
    获取这 4 个点离 x_0 的最远距离 d_0
    d_max = d_min = d_0
    for(i = 1; i<X 的元素个数; i ++ ){
        查询离 x_i 最近的 4 个点
        获取这 4 个点离 x_i 的最远距离 d_i
        将 d_i 加入 D
        if(d_min> d_i)
            d_min = d_i
        else if(d_max<d_i)
            d_max = d_i
    }
    设定距离坐标划分单位数 m 为 500
    划分间隔 d_m = (d_max - d_min)/500
    创建距离统计数组 M
        c = 0
```

```
for(i = 0; i < m; i ++ ){
    if(i = = 0)
        d1 = 0
    else
        d1 = dmin + (i - 1) × dm
    d2 = dmin + i × dm
    循环获取 D 中的元素 dj{
        if( d1 < dj < d2) {
            c ++
            删除 dj 并更新 D 的游标
        }
    }
    Mi = c
}
计算直线方程 l 的参数 a,b,c
dlmax = 0
for(i = 0; i < m; i ++ ){
    dl = 点 Mi 到直线 l 的距离
    if(dlmax < dl)
        dlmax = dl
}
σ = dlmax
```

2. 快速密度聚类处理

DBSCAN 算法在某类别的增长时需要判断邻域内的每个点是否是核心点，这就要计算所有点 $\sigma(x_i)$ 邻域内的点个数。尽管可以在高斯映射后的点云数据上建立 MultiGrid-KD 树索引以加快判断速度，但该算法的运行效率依然较低。

周水庚等(2000)提出的 FDBSCAN(faster DBSCAN)算法是针对 DBSCAN 的改进算法。FDBSCAN 算法提出，在邻域内选择指定个数的代表点(而不是所有邻域点)来代替进行类别增长。代表点的个数和空间的维度相关，即 n 维空间的代表点个数为 $2n$ 个。

图 5.9 展示了二维空间 4 个代表点的发散性对聚类扩展效果的影响。在代表点的发散性不好的情况下，存在某点和 x_i 密度可达，但通过代表点邻域搜索却搜索不到此点。图中红点是 x_i，红色圆是 $\sigma(x_i)$ 的区域范围，绿点是从 $\sigma(x_i)$ 选取出来的代表点，绿色圆是代表点的邻域区域范围，黑色点是从代表点的邻域中进一

步选出来的用于进行聚类扩展的代表点。由于代表点都集中在邻域的上部区域，因此聚类的扩展方向都向上方发展，下方点对象无法被划归到相同类别中。

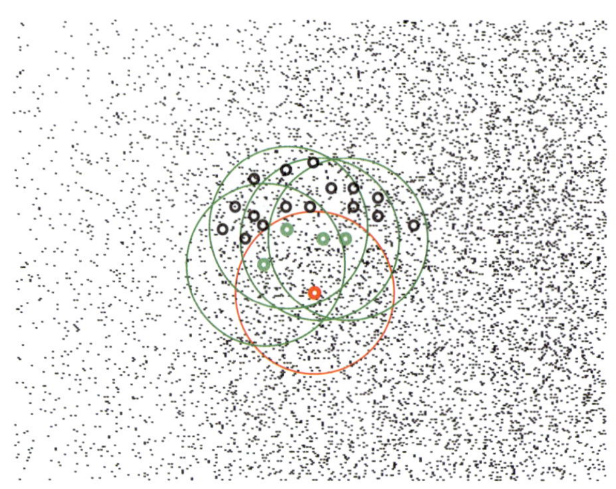

图 5.9　代表点的分布对聚类效果的影响

针对以上问题，一方面需要在后续阶段对这些点及形成的相关小类进行合并处理；另一方面在代表点选取上，要兼顾算法的快速性和代表点的扩散性。周水庚等(2000)提出了两个代表点的选取算法，但在算法效率和代表点的发散性上都不适合高斯球上的密集点云数据。相对于 FDBSCAN 算法，AQ-DBSCAN 算法除了依据高斯球曲面上数据的二维特性，将代表点个数定为 4 个，从而减少运算量外，还提出了适用于密集点云数据的代表点选取算法，在保证代表点扩散性的基础上提高了代表点选取效率。

设 x_0 为点集 X 中的一个对象，令 $0<\varepsilon<\sigma$，则

$$\varepsilon(x_0)=\{x\in\sigma(x_0)\mid\varepsilon<D(x,x_0)\leqslant\sigma\}$$

式中：$\varepsilon(x_0)$ 是 x_0 邻域内代表点的候选点集。$\varepsilon(x_0)$ 是以 x_0 为中心，位于 ε 和 σ 之间的环状区域。在 $\sigma(x_0)$ 的外围区域选取代表点，有助于增强代表点的扩散性并减少类别扩展时邻域查询的频率。ε 越接近于 σ，则候选点的数量越少，搜索代表点的效率越高，但同时也可能会导致点的发散性不好。针对古建筑点云数据的特点，综合考虑扩散性和高效性因素，本算法的 ε 取值为 $3\sigma/4$。

代表点选取时，先搜索距离 x_0 最远的点作为代表点 P_1，后续代表点的选取是在 $\varepsilon(x_0)$ 内进行三轮迭代搜索。

设已有代表点集为 P，待搜索的代表点为 p_k，则

$$p_k=\max\nolimits_{x\in\sigma(x_0)}D(x,P)$$

其中，$D(x,P)=\min_{p_i\in P}\|x-p_i\|_2$。如图 5.10 所示，在红色环状区域范围内(位

于 ε 和 σ 之间的环状区域)寻找代表点,首先找到与待搜索点 x_0 最远的点 X_1,然后找到与 X_1 最远的点 X_2,再次找到与 X_1、X_2 最小距离最大的点 X_3,最后找出与 X_1、X_2、X_3 最小距离最大的点 X_4。这样选找代表点可以兼顾快速性及很好的扩散性。

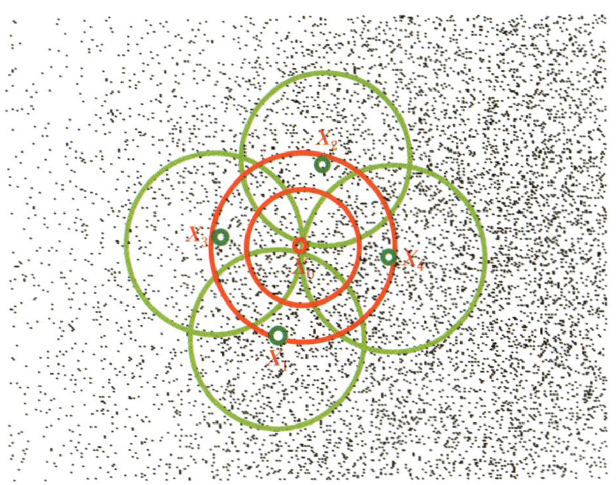

图 5.10 AQ-DBSCAN 代表点的选取及扩散性

代表点选取算法的具体步骤如下。

```
输入:x0 的邻域 σ(x0)
输出:4 个代表点
    d_max = 0
    id_max = -1
    for(i = 0; i<σ(x0)的元素个数; i ++ ){
        d = D(x_i , x0)
        if(d≥ε ){
            将 x_i 加入到候选点集 ε(x0)
            if(d>d_max){
                d_max = d
                id_max = i
            }
        }
    }
    将 x_{id_max} 加入到代表点集 P_X
    for(k = 0; k<3; k ++ ){
        d_max = 0
```

```
        idmax = -1
        for(i = 0; i <ε(x0)的元素个数; i ++ ){
            d = 点距离 PX 中所有对象的最小距离
            if(d>dmax){
                dmax = d
                idmax = i
            }
        }
        将 x_idmax 加入到代表点集 PX
    }
```

代表点选取算法提高了密度聚类区域搜索的扩散性，但仍然存在后续阶段需要区域归并的可能。区域归并的算法如下。

```
输入：X 的初步聚类及其对应的元素
输出：X 归并后的聚类及其对应的元素
    for(i = 0; i < X 的元素个数; i ++ ){
        if(xi 属于某一类别 && | Nσ(xi) | < MinPts ){
            if(σ(xi)中有其他类别的点 ){
            搜该类别的所有点，将其设为 xi 所属的类别
            }
        }
    }
```

AQ-DBSCAN 的完整算法如下。

```
输入：点集 X
输出：X 的聚类及其对应的元素
    调用参数统计算法，计算 σ 和 MinPts
    for(i = 0; i <X 的元素个数; i ++ ){
        if(xi 没有被处理 ){
            if( | Nσ(xi) | ≥MinPts){
              建立新簇 Ci，标记 xi 为已处理
              建立代表点集 P
              将 σ(xi)内的所有未处理点加入到 Ci，并将这些点标记为已处理
              调用代表点选取算法，选取代表点
              将代表点加入代表点集 P
```

```
            Np = 代表点集当前点个数
            for(k = 0; k < Np;k ++ ){
                if(|Nσ(pk)|≥MinPts){
                    将σ(pk)内的所有未处理点追加到 Ci,将这些点标记为已处理
                    调用代表点选取算法,选取代表点
                    将代表点追加到代表点集 P
                    Np = 代表点集当前点个数
                }
            }
        }
        else{
            将 xi 归为噪声点,并标记为已处理
        }
    }
}
调用簇的归并算法,将相邻簇进行合并
```

5.5 重叠区的分析与碎面过滤

对点云的高斯映射数据进行密度聚类,主要是依据点的法向量特征进行初步分割。一方面,密度聚类将噪声点排除在各类别之外,有助于后期的几何特征计算和提取。另一方面,由于存在不同结构的曲面在高斯球上重叠映射的情况,该方法有可能将空间分布和曲率特征不一致的点分割到一个类别,需要在后续阶段做进一步的分割。

古建筑大木结构的曲面主要由平面、圆柱和圆锥等构成,它们高斯映射后的形状为点型和线型两类。设 $G(X_1)$ 和 $G(X_2)$ 是重叠的高斯映射数据,X_1、X_2 是空间中对应的两个点云子集,则 $G(X_1)$ 和 $G(X_2)$ 存在重叠主要包括以下三种情况。

1. X_1 和 X_2 不相邻

这种情况下,$G(X_1)$ 和 $G(X_2)$ 的聚类形状包括三类:

(1) $G(X_1)$ 和 $G(X_2)$ 都是点型聚类,对应的 X_1 和 X_2 是不相邻的平面,如图 5.11 所示。

(2) $G(X_1)$ 是点型聚类,$G(X_2)$ 是线型聚类,对应的 X_1 和 X_2 是不相邻的平面以及圆柱或圆锥。

(3) $G(X_1)$ 和 $G(X_2)$ 都是线型聚类,对应的 X_1 和 X_2 是两个不相邻的圆柱或

圆锥。

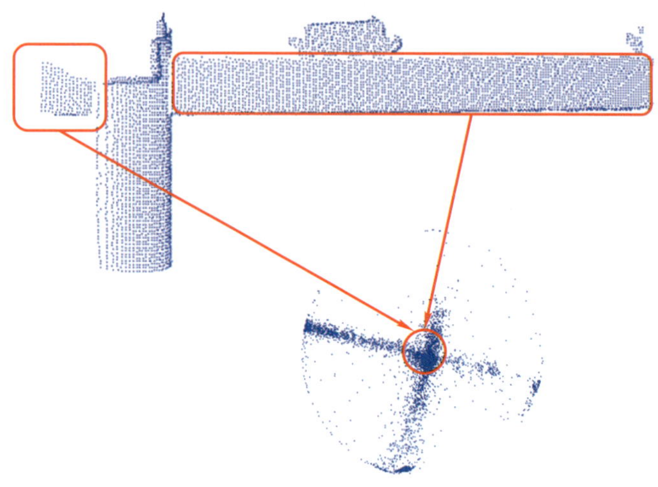

图 5.11　空间不相邻

2. X_1 和 X_2 相邻但法矢不连续

这种情况下，$G(X_1)$ 和 $G(X_2)$ 是点型和线型聚类或者线型和线型聚类的重叠，在 X_1 和 X_2 连接处表现为法向量的不连续，如图 5.12 所示。

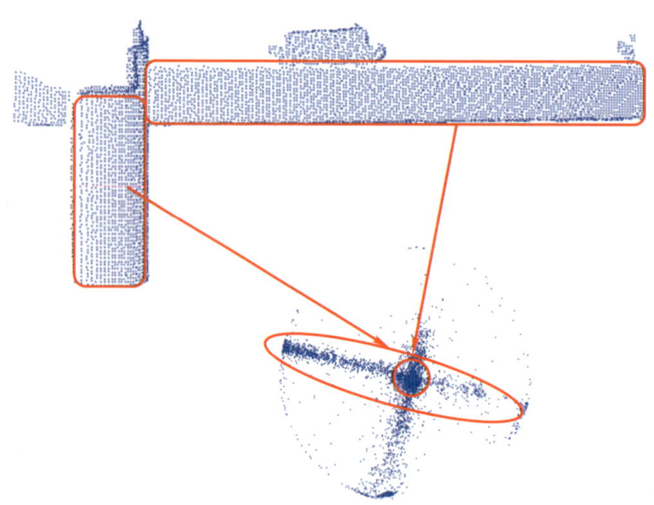

图 5.12　相邻但法矢不连续

3. X_1 和 X_2 相邻且法矢连续但曲率不一致

这种情况下，$G(X_1)$ 和 $G(X_2)$ 同样也是点型和线型聚类或线型和线型聚类的重叠，在 X_1 和 X_2 连接处法向量平滑过渡，但曲率不一致，如图 5.13 所示。

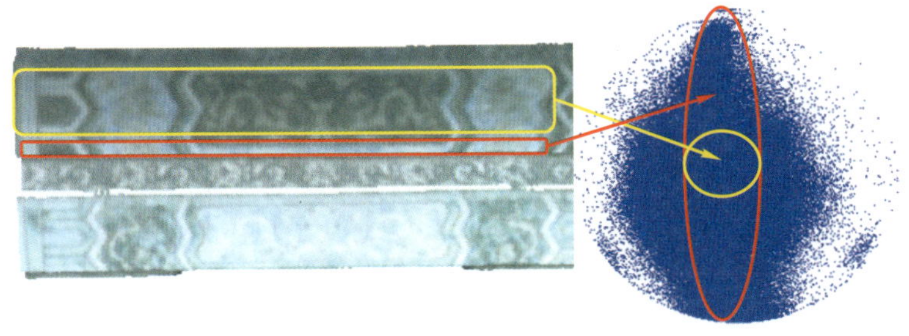

图 5.13 相邻且法矢连续但曲率不一致

由上述情况可知，对重叠区进行再分割，就是要保证同一类别的点具备在指定容差下的空间坐标、法向量的连续性和曲率的一致性。

设 X_1 和 X_2 各自内部最近相邻点的距离最大值为

$$\delta_1 = \max_{x_i \in X_1}(\min_{x_j \in X_1} \|x_i - x_j\|_2) \tag{5.14}$$

$$\delta_2 = \max_{x_i \in X_2}(\min_{x_j \in X_2} \|x_i - x_j\|_2) \tag{5.15}$$

设 δ 是 δ_1 和 δ_2 中的较大值，则只要设置邻域半径 $rs > \delta$，就可以 $rs(x_0)$ 为邻域进行空间上连续性的判断。

可以通过验证空间域连续的点云在高斯球上的映射是否也连续，来实现法向量的连续性判断。设 X_1 和 X_2 中一点的 $r(x_0)$ 在高斯球上的映射为 $G(r(x_0))$，设

$$D_{G(r)} = \max_{G(x_i) \in G(r(x_0))} \|G(x_i) - G(x_0)\|_2 \tag{5.16}$$

计算 X_1 和 X_2 中所有点的 $D_{G(r)}$，并统计以 Δ 为递增单位区间增加的对应点的总数为

$$N_m = ND_{G(r)}, \quad 0 < D_{G(r)} \leqslant \Delta \times m \tag{5.17}$$

以 $\Delta \times m$ 为横坐标、N_m 为纵坐标形成曲线图，该曲线图类似图 5.8。利用 AQ-DBSCAN 算法中自动参数估算的算法，可以计算并寻找出拐点对应的距离 rg，以 rg 为阈值，对于 $r(x_0)$ 内的任意一点 x，如果其对应的 $D(x, x_0) \leqslant rg$，则 x 对应于 x_0 是法向连续的。

由于密度聚类后形成的子集（如 X_1 和 X_2）初步剔除了噪声点，因此对于 $r(x_0)$ 邻域的曲率计算的可靠性得到了大幅提高。采用前面章节提供的曲率估算公式，可以计算出各点的平均曲率和高斯曲率，对比给出的阈值，用于判断邻域点是否属于同一类别。

由于噪声点及建筑物表面本身粗糙起伏等原因，在密度聚类和重叠区分析完成后，有可能形成一些碎面。这些碎面的面积往往过小而难以成为一个单独的类别子集，因此需要对这些碎面进行过滤。统计出所有两点间最近距离的平均值 d_{mean}，认定建筑物表面的面积阈值为 sa，设每个面包含的最少点数为 $n_{\min}$，则

$$n_{min}=\frac{sa}{d_{mean}\times d_{mean}} \tag{5.18}$$

只要类别子集包含的点数少于 n_{min}，则该类别子集即为碎面，检测到碎面后将该碎面中的点设为噪声点即可。

5.6 特征提取与拟合

由于重叠区分析后的类别集合是排除了噪声点的核心点集，因此直接基于分割后的类别进行特征提取和拟合，具有更高的精度和效率。在高斯映射数据条件下，拟合可分为两个步骤：高斯映射数据的形状类型识别和特征提取。

5.6.1 高斯映射数据的形状类型识别

古建筑大木结构的几何结构主要是平面、圆柱等，对应到高斯映射数据上，其形状识别包括对点状形状和线状形状的判断。

设 XC 是点云 X 分割后的一个类别子集，$G(XC)$ 是 XC 对应的高斯映射数据，xc_i 是 XC 的一个元素，其对应的高斯映射点为 $G(xc_i)$。则 $G(XC)$ 的重心为

$$gxc_0=\frac{\sum_{i=1}^{n}G(xc_i)}{n} \tag{5.19}$$

令

$$\mathrm{Max}D=\max_{G(xc_i)\in G(XC))}\|G(xc_i)-gxc_0\|_2$$

则只要 $\mathrm{Max}D$ 小于指定的阈值 dp，$G(XC)$ 就属于点状形状。由于 $G(XC)$ 是高斯球面数据，因此也可以通过寻找与 gxc_0 的内积绝对值的最小点，来确定与 gxc_0 的最大距离点。

对于非点型聚类，需要进一步判断其形状是否为线状。搜索点 gxc_1、gxc_2，使得

$$gxc_1=\max_{G(xc_i)\in G(XC))}\|G(xc_i)-gxc_0\|_2 \tag{5.20}$$

$$gxc_2=\max_{G(xc_i)\in G(XC))}\|G(xc_i)-gxc_1\|_2 \tag{5.21}$$

构建通过 gxc_0、gxc_1、gxc_2 的平面 P，令

$$d_1=\max_{G(xc_i)\in G(XC))}D(xc_i,P) \tag{5.22}$$

$$d_2=\|g(xc_1)-gxc_2\| \tag{5.23}$$

如果 $\frac{d_1}{d_2}$ 小于指定的阈值 pl，则该聚类类型为线型。

5.6.2 特征提取

古建筑大木结构的特征提取主要包括平面和柱面的提取。对于高斯球上映射为点集形状的点云类别，可直接对其进行平面拟合。相关算法可参照5.2.2小节法向量估算中的平面拟合算法。这里不再赘述。

对柱面的拟合，通用的处理算法是在对圆柱参数化后，利用局部微分几何属性估算出参数初值，再利用 Levenberg-Marquardt 算法进行拟合，Lukács 等(1998)提出的拟合算法较具代表性。然而 Levenberg-Marquardt 算法对于拟合初值具有较高要求，通过若干点对象局部微分特性估算的拟合初值往往由于噪声点的干扰而拟合失败。比较理想的拟合初值应该由消除了噪声影响的尽量多的点来确定，本书前期分割得出的核心点类别子集符合以上要求。

设 XC 是点云 X 分割后的一个类别子集，$G(XC)$ 是 XC 对应的高斯映射数据，如果 $G(XC)$ 是线型聚类，则可对 $G(XC)$ 采用稳健特征值法进行平面拟合，得出平面 $P: ax+by+cz=d$。高斯球心 $O(0,0,0)$ 到平面 P 的距离为

$$D(O,P)=\frac{|d|}{\sqrt{a^2+b^2+c^2}} \tag{5.24}$$

如果 $D(O,P)$ 小于指定的阈值，则 $G(XC)$ 是大圆线聚类，XC 是圆柱；反之，XC 是圆锥。

对于圆柱面，加入高斯球心 $O(0,0,0)$ 作为平面的约束条件进行参数的重新估算。即令 $d=0$，平面方程为

$$ax+by+cz=0$$

目标函数为

$$f(x)=\sum_{i=1}^{n}(ax_i+by_i+cz_i)^2 \tag{5.25}$$

求解令 $f(x)$ 最小的 a、b、c 三个参数，即得修正后最佳拟合平面。

设 $P(XC)$ 是 XC 在平面 P 上的投影，将 $P(XC)$ 以 P 为 xoy 平面的局部坐标系进行坐标变换，消去点集的 Z 值，得到点集 $P'(XC)$。设二维圆的方程为

$$(x-x'_0)^2+(y-y'_0)^2=r^2$$

式中：(x'_0,y'_0) 是圆心；r 是圆的半径。目标函数为

$$f(x)=\sum_{i=1}^{n}\left(\sqrt{(x-x'_0)^2+(y-y'_0)^2}-r\right)^2 \tag{5.26}$$

利用最小二乘法求解令 $f(x)$ 最小的 x'_0、y'_0 和 r 这三个参数。对 x'_0 和 y'_0 进行反向旋转回原平面，得到 $p_0(x_0,y_0,z_0)$。

设 $\boldsymbol{n}(a,b,c)$ 是平面 P 的法向量，则以上运算处理得出了 XC 的圆柱拟合初

值，其中 r 是圆柱的半径，圆柱的轴线经过点 p_0，轴线方向为 $\boldsymbol{n}$。

设空间圆柱的轴线方程式为

$$\frac{x-x_0}{a}=\frac{y-y_0}{b}=\frac{z-z_0}{c} \tag{5.27}$$

令 XC 中各点$(x_1,x_2,\cdots x_n)$到轴线的距离为 r_i，圆柱的半径为 r_0，则目标函数可定为

$$f(x)=\sum_{i=1}^{n}(r_i-r_0)^2 \tag{5.28}$$

利用 Levenberg-Marquardt 算法，代入前期估算出来的圆柱初值，可完成圆柱的参数精确拟合。

5.7 噪声点归类

通过高斯球上的密度聚类和重叠区分析划分出的类别子集是核心点数据，噪声点并没有归并到相应类别中。完整的点云分割需要进一步对噪声点进行归类划分。依据密度聚类算法划出的噪声点主要包括两部分：类别子集内部的点和类别子集间接合部的点集。对于曲面间接合部的点集，需要依据子集拟合曲面的特征来进行点集划分。

设 XC 是点集 X 的一个类别子集，S 是 XC 的拟合曲面，遍历 XC 中的点对象 x_i，搜索其 $r(x_i)$ 邻域，如果 $r(x_i)$ 中不存在未分类的噪声点，则对之标记以避免下次重复搜索。如果存在未分类的噪声点，则针对每个噪声点，计算其与 XC 拟合曲面的距离。令该距离为 $D(x_i,S)$，距离阈值为 δ，则只要 $D(x_i,S)\leqslant\delta$，就可以将该噪声点划归到 XC 类别中。对不满足要求的点进行标记以避免重复处理，对新划归的点则继续进行邻域搜索，直到找不到未处理的噪声点为止。

在基于曲面拟合的区域增长完成后，还存在一些噪声点因与拟合曲面的距离大于阈值而没有进行归类，这些点可通过简单的区域扩充方法来归类。对点集 X 的类别子集按点对象个数进行排序，从多到少依次遍历类别子集，搜索含有未归类噪声点的邻域 $r(x_i)$，并对这些噪声点进行一轮归类。所有类别子集完成一轮扩充后，继续遍历进行下一轮扩充，直到所有噪声点都被归类。

5.8 三角网构建

为满足古建筑数据的多层次应用需求，除需要提取古建筑的几何特征和模型参数数据外，还需要形成三角网数据以方便三维的分析和重建。目前三维格网的

构建方法大致可以归纳为三类:基于四面体剖分的构建方法、基于面剖分的构建方法以及基于面投影的构建方法。基于四面体剖分的三角格网构建方法,是对点云数据做四面体网格德洛奈剖分,得到一个含有所有点云数据的凸包,再依次对凸包内的扫描点进行三角面细分和调整。与其他方法相比,该方法对计算机计算速度和内存需求较大,难以满足数据量大的点云数据三角网构建需求。基于面剖分的三角格网构建方法,基本原理是找到一个可以通视所有扫描点的顶点,以此顶点来构建包括所有点云数据的凸椎体,并依靠此凸锥体进行三角网构建。相对于基于四面体剖分的方法,该方法具有速度快、效率高的特点,但对于复杂曲面的三角网构建不适用。基于面投影的三角格网构建方法,则是将点云数据投影到平面或简单数学曲面上,在二维平面或曲面上进行三角网构建,之后将三角格网关系再映射回三维空间。基于面投影的三角网构建方法包括基于平面、柱面、球面以及多个相邻切平面等方法。该方法具有速度快、效率高的特点,但古建筑由多种曲面组合而成,单一的曲面投影效果不佳。

在点云进行分割和基准面拟合完成后再进行三角网构建变得相对简单。主要思路是根据分割的类别子集对点云数据采用分治算法构建三角网,每一个子集基于拟合的基准面采用面投影法分别进行三角网构建,最后将各个三角网进行拼合。

1. 投影变换

基准面的投影主要包括平面和圆柱、圆锥投影三种情况。对于基准面为平面的情况,设切平面法向量与 Z 轴的三方向的夹角分别为 θ_x、θ_y、θ_z。则其旋转矩阵为

$$\boldsymbol{R}_x(\theta_x)=\begin{bmatrix}1 & 0 & 0\\ 0 & \cos\theta_x & \sin\theta_x\\ 0 & -\sin\theta_x & \cos\theta_x\end{bmatrix}=\exp\left(\begin{bmatrix}0 & 0 & 0\\ 0 & 0 & -\theta_x\\ 0 & \theta_x & 0\end{bmatrix}\right) \tag{5.29}$$

$$\boldsymbol{R}_y(\theta_y)=\begin{bmatrix}\cos\theta_y & 0 & -\sin\theta_y\\ 0 & 1 & 0\\ \sin\theta_y & 0 & \cos\theta_y\end{bmatrix}=\exp\left(\begin{bmatrix}0 & 0 & \theta_y\\ 0 & 0 & 0\\ -\theta_y & 0 & 0\end{bmatrix}\right) \tag{5.30}$$

$$\boldsymbol{R}_z(\theta_z)=\begin{bmatrix}\cos\theta_z & \sin\theta_z & 0\\ -\sin\theta_z & \cos\theta_z & 0\\ 0 & 0 & 1\end{bmatrix}=\exp\left(\begin{bmatrix}0 & -\theta_z & 0\\ \theta_z & 0 & 0\\ 0 & 0 & 0\end{bmatrix}\right) \tag{5.31}$$

依次将隶属于同一个平面的各点代入旋转矩阵计算,得出点的 x、y 坐标即是该点在平面上投影的二维坐标。

对于基准面为圆柱的情况,设圆柱轴线经过点 $P_0(x_0, y_0, z_0)$ 与 Z 轴的三方向的夹角分别为 θ_x、θ_y、θ_z,圆柱半径为 r。将点集中各对象 p_i 投影到柱面上,再参考平面投影的旋转矩阵对投影后的点进行旋转变换,并以 p_0 为中心建立局部坐标

系，得到点对象p'_i。沿经过点q的母线展开，则该点在二维空间上的坐标可通过式(5.32)计算

$$\left.\begin{aligned} x'' &= r\theta_{p'_i q} \\ y'' &= z' \end{aligned}\right\} \tag{5.32}$$

式中：z'是p'_i的z值坐标；$\theta_{p'_i q}$是经过点q和p'_i的两条母线分别与点O形成的两个平面的夹角。令这两个平面在xoy平面上的投影为过O点的直线l_1和l_2，$\theta_{p'_i q}$可以通过l_1和l_2的夹角求得，设l_1和l_2的斜率分别为k_1和k_2，则

$$\tan\theta_{p'_i q} = \left|\frac{k_2 - k_1}{1 + k_1 k_2}\right| \tag{5.33}$$

参考q和p'_i的象限分布可以得到$\theta_{p'_i q}$。

基准面为圆锥的投影与圆柱类似，设圆锥顶点为$p_0(x_0, y_0, z_0)$，轴线与Z轴的三方向的夹角分别为θ_x、θ_y、θ_z，母线与轴线的夹角为α。将点集中各对象p_i投影到圆锥面上，再参考平面投影的旋转矩阵对投影后的点进行旋转变换，并以p_0为中心建立局部坐标系，得到点对象p'_i。沿经过点q的母线展开，则该点在二维空间上的极坐标可通过式(5.34)计算

$$\left.\begin{aligned} \rho &= \sqrt{(x'_i - x_0)^2 + (y'_i - y_0)^2 + (z'_i - z_0)^2} \\ \theta &= (\sin\alpha)\theta_{p'_i q} \end{aligned}\right\} \tag{5.34}$$

式中：$\theta_{p'_i q}$是经过点q和p'_i的两条母线分别与点O形成的两个平面的夹角。将极坐标转换成直角坐标后，即得到了投影后的平面坐标。

2. 三角网构建

将三维点云投影到二维平面后，对其构建二维三角网。二维三角网构建采用Lawson算法实现。该算法具体思路如下：

首先，建立一个包含所有点的大三角形，然后在这个三角形中依次插入这些点。在插入时，首先找到包含该点的三角形，分别将新点与该三角形各顶点相连，形成3条新边和3个新三角形。如果新点落在三角形的某条边上，则直接删除该边，连接新顶点与该边相关的两个三角形构成的四边形各顶点，形成4个新的三角形。最后，通过外接圆测试新生成的三角形是否在其所有的相邻三角形的外接圆内，如果在其内部，则删除并进行对角线交换处理。

二维三角网一旦创建成功，则将其三角网拓扑关系映射回三维点云，从而形成三维三角网。

3. 三角网拼合

由于圆柱和圆锥投影形成的三角网需要对其进行展开后转换到二维平面，因此转换成三维坐标后需要对其进行拼合。另外，对于分割后的各类别子集，有时也

需要进一步拼合成大的构件。拼合的算法采用生长法，即搜索各个三角网的边界，以这些边界为约束条件采用生长法进行三角网拼接。在三角网拼接过程中，首先以一条边为基础寻找符合德洛奈条件的顶点并构建三角形（图 5.14(a)），在构建过程中如发现不符合德洛奈条件的边则进行删除（图 5.14(b)），直到整个凸壳内再无缝隙（图 5.14(c)）。对于新生成的三角形，采用 Lawson 的优化算法进行三角形优化，以保证其符合德洛奈规则。

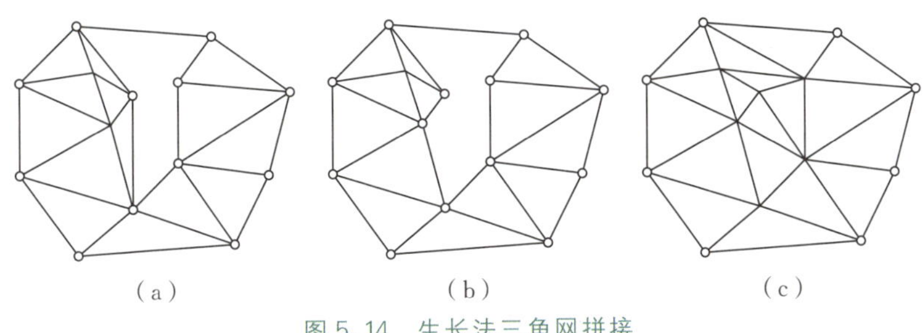

图 5.14　生长法三角网拼接

5.9　处理流程及实验比较分析

5.9.1　处理算法与流程

图 5.15 是古建筑点云分割、特征拟合到三角网构建的整体点云处理流程。整个处理过程输出的成果包括点云分割后的类别子集、各子集的基准面参数，以及各子集的三角网模型。GAOF 算法实现了古建筑点云的分割和基准面拟合，整个算法由高斯映射、AQ-DBSCAN 聚类、重叠区的分析与碎面过滤、基准面拟合、噪声点归类五部分组成。高斯映射可以建立空间曲面和高斯球上的点的对应关系，然后采用 AQ-DBSCAN 聚类的算法依据法向量的分布特征将高斯球上的点粗分割为不同的子集，同时区别出核心点和噪声点，在此基础上对核心点进行重叠区的分析和再分割。核心点分割完成后进行特征的拟合，最后结合拟合的参数对噪声点进行归类。GAOF 算法处理完成后，再通过基于投影面和分治算法的三角网构建实现各分割子集的格网化存储。

GAOF 算法的特征拟合直接基于核心点实现，由于核心点是对噪声点进行了初步过滤的点集，因此拟合精度和算法处理效率得到了较大提高。

表 5.1 提供了 GAOF 算法所需的参数及来源。其中，与点云数据特征相关性大的参数通过自动计算的方式获得，其余的参数通过多次统计后的经验值给定。

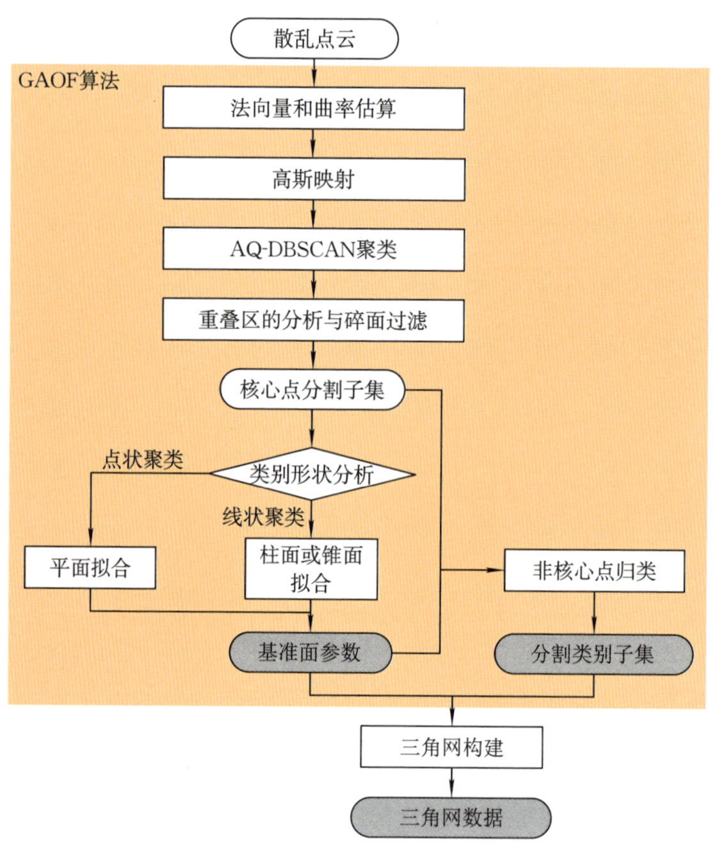

图 5.15　点云处理流程

表 5.1　GAOF 算法所需的参数及来源

处理过程	参数名称	参数描述	参数来源
AQ-DBSCAN 密度聚类	σ	密度聚类时的 σ 球邻域半径	自动计算
	$MinPts$	用于判断核心点的 σ 邻域最少点数阈值	经验值
重叠区的分析与碎面过滤	rs	用于曲面连通性搜索的 r 球半径	经验值
	rg	用于判断高斯球上两点是否连续的阈值	自动计算
	rv	用于判断平均曲率是否一致的阈值	经验值
	rs	用于判断高斯曲率是否一致的阈值	经验值
	sa	碎面的面积阈值	经验值
基准面拟合	dp	用于判断是否为点型聚类的距离阈值	经验值
	pl	用于判断是否为线型聚类的长宽比阈值	经验值

5.9.2 AQ-DBSCAN 与 DBSCAN、FDBSCAN 的实验比较

相对于 DBSCAN 算法、FDBSCAN 算法，AQ-DBSCAN 算法的改进主要体现在两点：一是在给定 $MinPts$ 参数的前提下，提供了 σ 的自动估算；二是实现了更为快速的密度聚类算法。本章的所有实验在主频为 1.2 GHz 的双核 CPU、内存为 1 GB 的笔记本电脑上完成，用于实验的数据来源于故宫太和门及太和殿的地面激光扫描仪获取的点云。

太和殿外柱子的参数估算及聚类效果如图 5.16 所示。图 5.16(a)是太和殿外柱子的数据，该点云采样的点数为 141 999 个。图 5.16(b)是与之对应的高斯映射。图 5.16(c)是 AQ-DBSCAN 算法自动统计的 N_m 曲线以及估算出的 σ 参数值(0.014 331)。DBSCAN 和 FDBSCAN 算法在参数估算上主要靠人工判断 N_m 曲线的形状和延伸趋势的变化点位。从图中可以看出，AQ-DBSCAN 算法给出的 σ 值符合人工判断的结果。图 5.16(d)是在高斯球上的聚类效果，由于圆柱和部分附属物在高斯球上有重叠，因此将其聚为一类，这些要通过以后的重叠区分析进行进一步分割。图 5.16(e)是对应到空间曲面上的聚类效果。

太和殿外门梁的参数估算及聚类效果如图 5.17 所示。图 5.17(a)是太和殿外门梁的数据，该点云采样的点数为 642 984 个。图 5.17(b)是与之对应的高斯映射。图 5.17(c)是 AQ-DBSCAN 算法自动统计的 N_m 曲线以及估算出的 σ 参数值(0.011 236)。从图 5.17 中可以看出，AQ-DBSCAN 算法给出的 σ 值符合人工判断的结果。图 5.17(d)是在高斯球上的聚类效果。图 5.17(e)是对应到空间曲面上的聚类效果，从图中可以看出，AQ-DBSCAN 聚类可将横梁的正面和侧面区分开来。

太和门部分数据的参数估算及聚类效果如图 5.18 所示。图 5.18(a)是太和门的部分数据，包括一个柱子和与之关联的横梁，该点云采样的点数为 5 771 个。图 5.18(b)是与之对应的高斯映射。图 5.18(c)是 AQ-DBSCAN 算法自动统计的 N_m 曲线以及估算出的 σ 参数值(0.067 831)，从图中也可以看出，AQ-DBSCAN 算法给出的 σ 值符合人工判断的结果。图 5.18(d)是在高斯球上的聚类效果，由于圆柱和横梁在高斯球上有重叠，因此也将其聚为一类。图 5.18(e)是对应到空间曲面上的聚类效果。

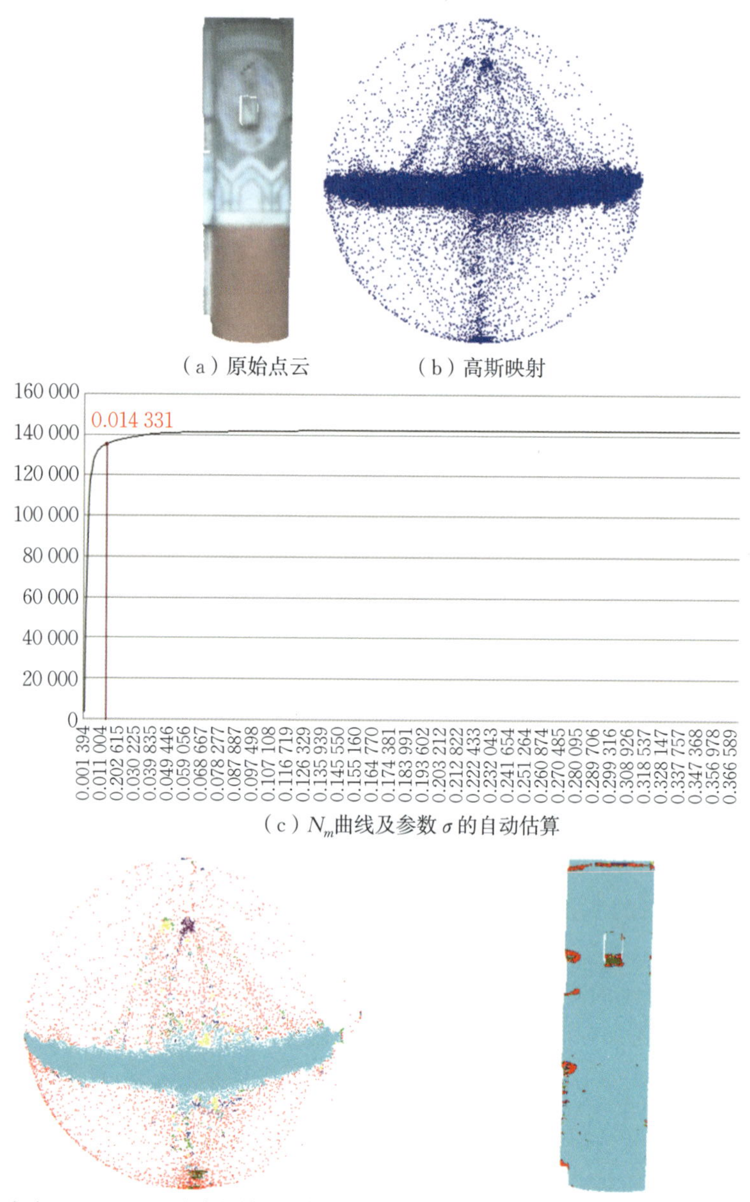

（a）原始点云　（b）高斯映射

（c）N_m曲线及参数 σ 的自动估算

（d）AQ-DBSCAN聚类的效果（高斯球）　（e）AQ-DBSCAN聚类的效果（空间视图）

图 5.16　太和殿外柱子的参数估算及聚类效果

（a）原始点云

（b）高斯映射

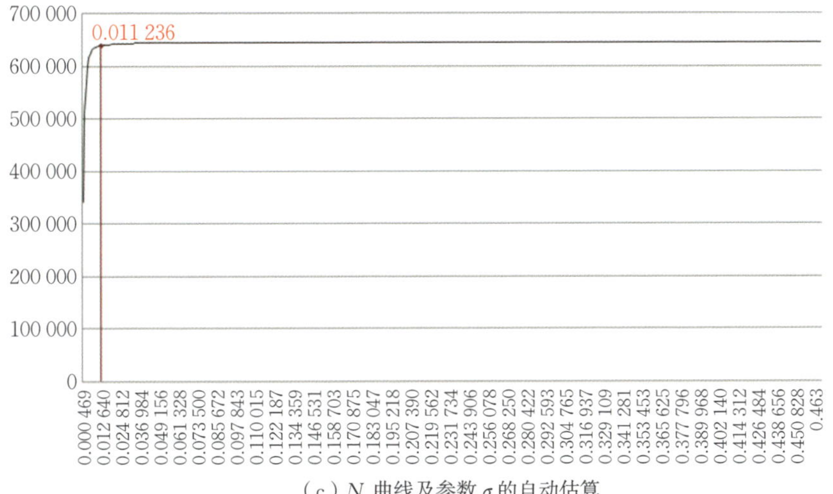

（c）N_m曲线及参数 σ 的自动估算

（d）AQ-DBSCAN聚类的效果（高斯球）

（e）AQ-DBSCAN聚类的效果（空间视图）

图 5.17　太和殿外门梁的参数估算及聚类效果

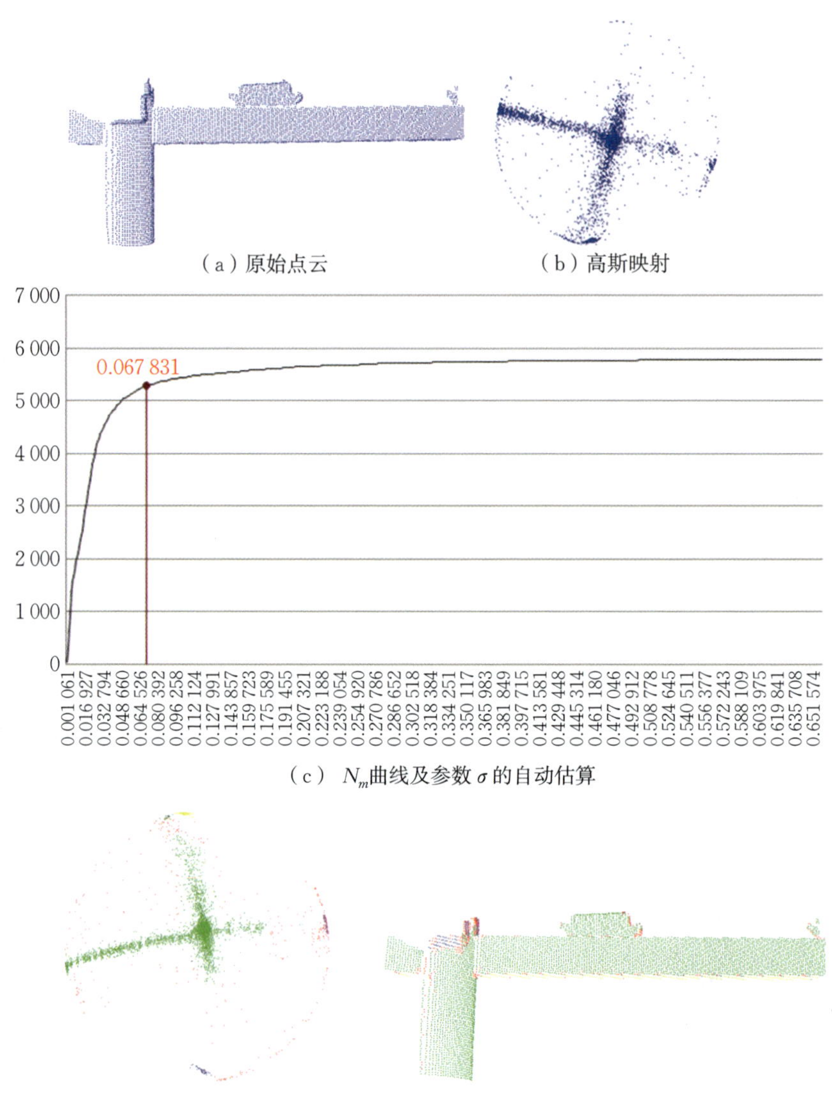

（a）原始点云　（b）高斯映射

（c）N_m曲线及参数 σ 的自动估算

（d）AQ-DBSCAN聚类的效果（高斯球）　（e）AQ-DBSCAN聚类的效果（空间视图）

图 5.18　太和门部分数据的参数估算及聚类效果

相对于 DBSCAN 算法，AQ-DBSCAN 算法采用了快速选取代表点进行区域扩展的方法，在保持算法效果一致的前提下，聚类速度有了极大的提高。图 5.19、图 5.20 和图 5.21 采用前面的实验数据对两种聚类算法进行比较，从高斯图上看，聚类效果完全一致。

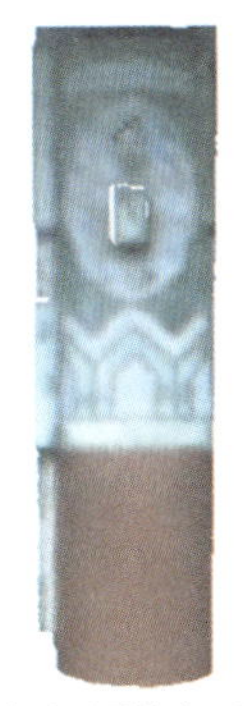

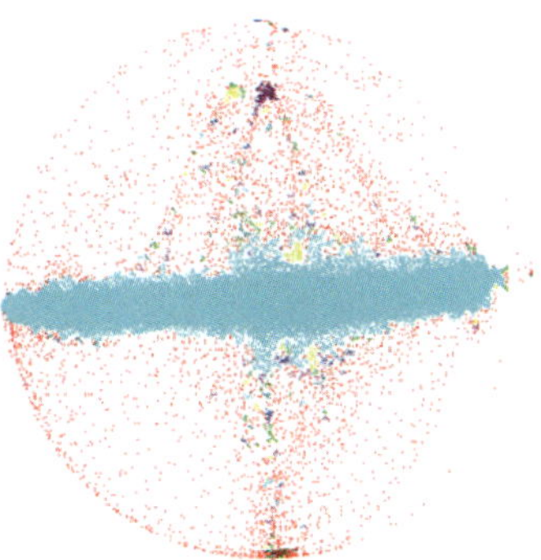

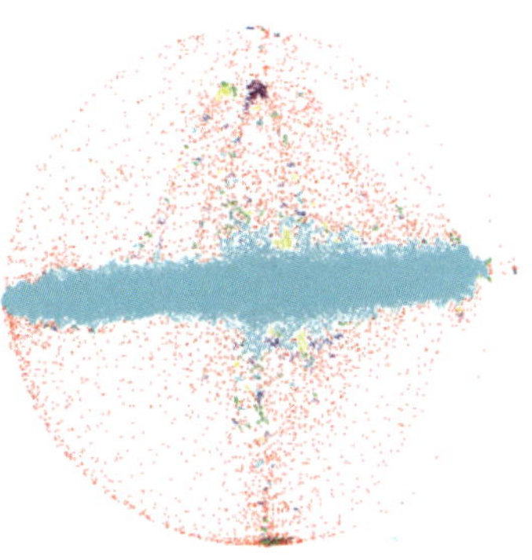

（a）原始点云　（b）DBSCAN聚类的效果　（c）AQ-DBSCAN聚类的效果

图 5.19　DBSCAN 聚类与 AQ-DBSCAN 聚类的效果比较(一)

（a）原始点云

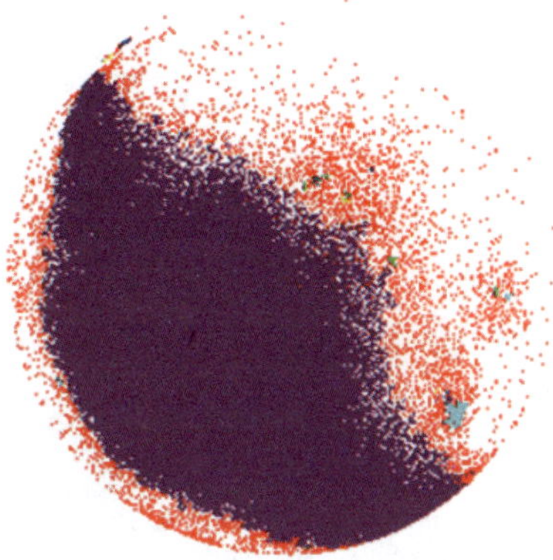

（b）DBSCAN聚类的效果　（c）AQ-DBSCAN聚类的效果

图 5.20　DBSCAN 聚类与 AQ-DBSCAN 聚类的效果比较(二)

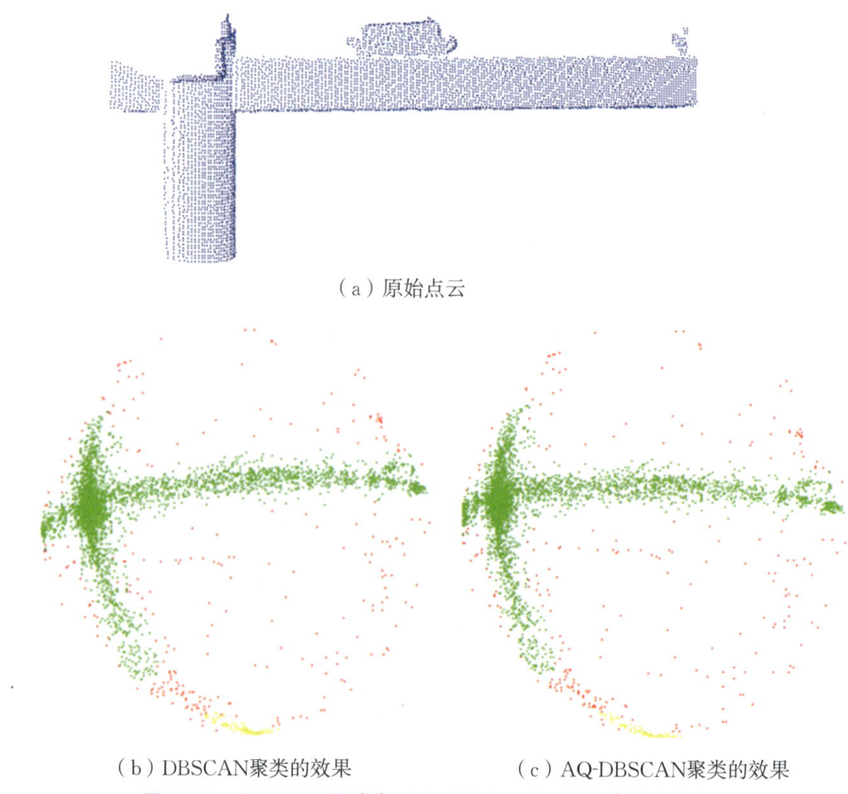

（a）原始点云

（b）DBSCAN聚类的效果　　（c）AQ-DBSCAN聚类的效果

图 5.21　DBSCAN 聚类与 AQ-DBSCAN 聚类的效果比较(三)

表 5.2 是三个实验数据的算法耗时比较，时间单位是 ms。图 5.22 是 DBSCAN 和 AQ-DBSCAN 算法的耗时分析，图 5.23 则是 FDBSCAN 和 AQ-DBSCAN 算法的耗时分析。从耗时比较中可以看出，AQ-DBSCAN 算法的耗时明显少于 DBSCAN 和 FDBSCAN 算法。点数越多，AQ-DBSCAN 算法的加速越明显。例如，对于 141 999 个点，DBSCAN 耗时约是 AQ-DBSCAN 的 5 倍，对于 642 984 个点，DBSCAN 耗时约是 AQ-DBSCAN 的 65 倍。

表 5.2　DBSCAN、FDBSCAN、AQ-DBSCAN 聚类算法的耗时比较　　单位：ms

点数/个	算法耗时		
	DBSCAN 算法耗时	FDBSCAN 算法耗时	AQ-DBSCAN 算法耗时
5 771	468	46	31
141 999	8 549	1 679	1 607
642 984	225 608	3 697	3 448

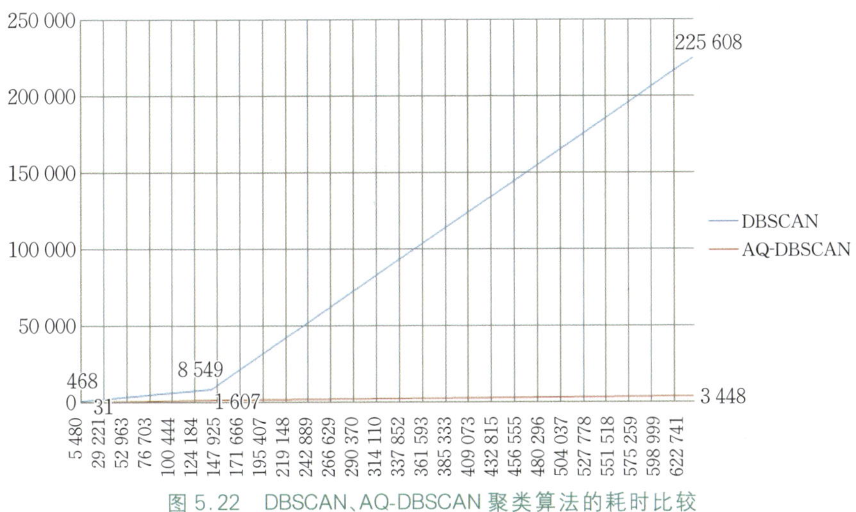

图 5.22 DBSCAN、AQ-DBSCAN 聚类算法的耗时比较

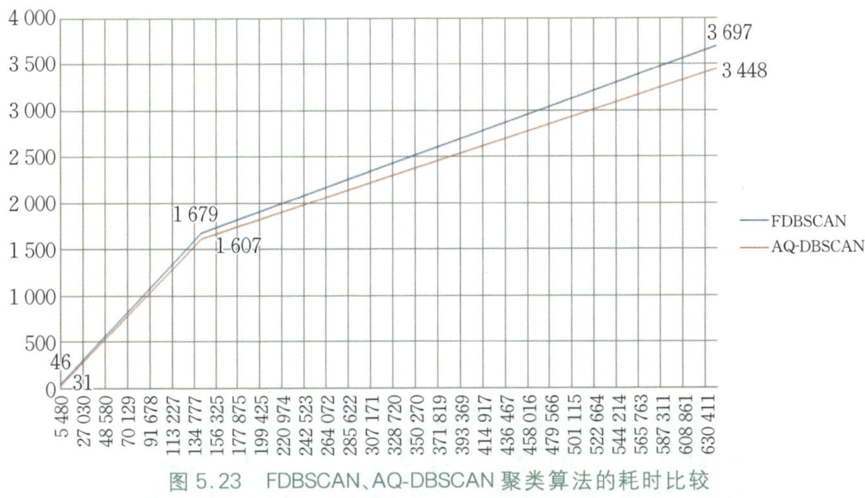

图 5.23 FDBSCAN、AQ-DBSCAN 聚类算法的耗时比较

5.9.3 最终分割结果

图 5.24、图 5.25 和图 5.26 是三个实验数据的最终分割结果。从分割效果看，GAOF 算法对于古建筑点云分割具有较好的适用性。

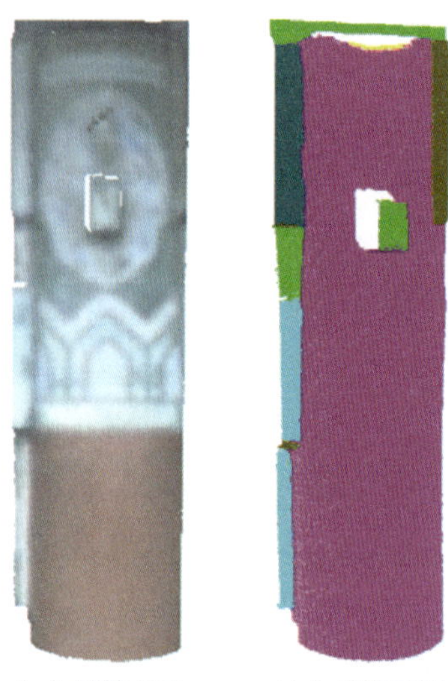

（a）原始点云　　　（b）分割结果

图 5.24　太和殿外柱子最终分割效果

（a）原始点云

（b）分割结果

图 5.25　太和殿外门梁最终分割效果

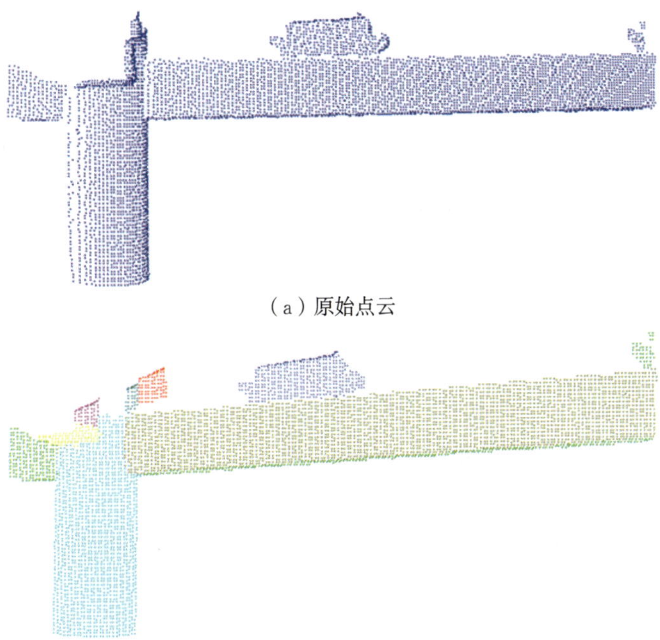

(a) 原始点云

(b) 分割结果

图 5.26　太和门部分数据最终分割效果

第6章　基于深度学习的建筑物语义分割

6.1　基于深度学习的点云分割方法

虽然当前点云分割方法在某些特定的建筑物种类中已经可以取得不错的分割精度，但是传统点云分割方法存在以下缺点。

(1)需要人工设定相关的特征描述子(feature describer)，如点云间的几何特征：法向量与曲率等；光学特征：颜色 R、G、B 和反射强度等。对于某些特定的任务，如何找到最佳的特征描述组合并非易事。

(2)当前传统点云分割方法在分割过程中需要人工设定阈值，且阈值选取的效果需要一一进行实验对比，严重影响了点云分割的自动化。

(3)手工制作的特征描述子的使用范围较小，只对特定的任务有较好的效果，对于其他的任务，其分割效果可能会很差。而基于深度学习(deep learning)的点云分割方法则可以解决以上的问题，深度学习是一种基于数据驱动的特征提取方法，不需要人工去设计特征描述子，分割过程中也不需要人工设定阈值，可以实现点云分割的自动化。深度学习是最近十分火热的一个研究领域。通过使用卷积神经网络(convolutional neural network，CNN)，深度学习在二维图像上已经取得了巨大的成就，如图 6.1 所示，其在 ImageNet 图像分类竞赛上的分类精度越来越高，在 2015 年甚至超过了人工分类精度。深度学习在点云分类分割上具有巨大的应用前景。

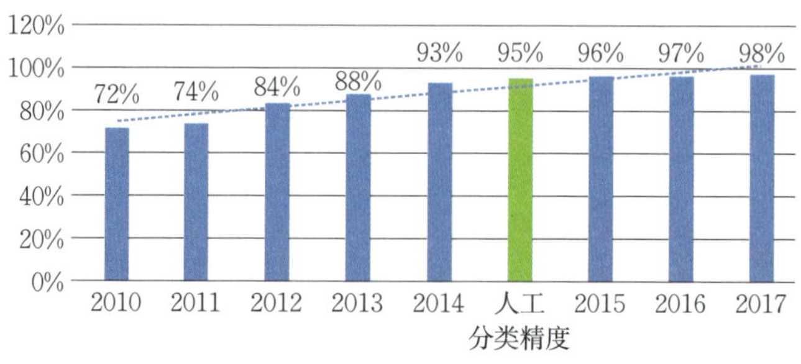

图 6.1　Image Net 每年成绩

6.1.1　深度学习

人工神经网络(artificial neural network，ANN)是对生物神经网络的一种模拟和近似，是由大量神经元通过相互连接而构成的自适应非线性动态网络系统。1943 年，心理学家 McCulloch 和数理逻辑学家 Pitts 提出了神经元的第一个数学模型——MP 模型（McCulloch et al，1943），MP 神经网络具有开创意义，为后来的工作提供了依据。20 世纪 50 年代末，Rosenblatt（1986）在 MP 模型的基础上增加了学习功能，提出了单层感知器模型。Rumelhart 等（1986）提出了一种按误差逆传播算法训练的多层前馈网络——反向传播网络（back propagation network，BP），改善了单层感知器的一些缺点。20 世纪 90 年代，各种浅层机器学习模型相继被提出，较经典的如支持向量机（Cortes C et al，1995），当增加神经网络的层数时，传统的 BP 网络会遇到局部最优、过拟合及梯度扩散等问题，这些使得深度模型的研究被搁置。Hinton 等（2006）提出以下主要观点：①多隐层的人工神经网络具有优异的特征学习能力；②可通过“逐层预训练”（layer-wise pre-training）来有效克服深层神经网络在训练上的困难，从此引出了深度学习的研究。

深度学习是一种深层的机器学习模型，其深度体现在对特征的多次变换上。常用的深度学习模型为多层神经网络，神经网络的每一层都会将输入的信息进行非线性映射，通过多层非线性映射的堆叠，可以在深层神经网络中计算出非常抽象的特征来帮助分类。例如在用于图像分析的卷积神经网络中，将原始图像的像素值直接输入，第一层神经网络可以视作是边缘的检测器，而第二层神经网络则可以检测边缘的组合，得到一些基本模块，再深层的网络会将这些基本模块进行组合，最终检测出待识别目标。深度学习的出现使人们在很多应用中不再需要单独对特征进行选择与变换，而是将原始数据输入到模型中，由模型通过学习给出适合分类的特征表示。卷积神经网络是现在应用最为广泛的深度学习网络结构，其是一种深层前馈型神经网络，常用于图像领域的监督学习问题，如图像识别、计算机视觉等。LeCun 等（1990）就提出了最初的卷积神经网络模型，并在之后进行了完善（LeCun et al，1998）；在 AlexNet 取得 2012 年 ImageNet 竞赛冠军之后（Krizhevsky et al，2012），卷积神经网络在图像识别领域几乎成为深度学习的代名词，在其他领域中也有越来越多的应用。深度学习通常包括卷积层、降采样层、全连接层与输出层，卷积层和降采样层可以有多个。一个经典的卷积神经网络 LeNet 结构如图 6.2 所示（Haykin et al，2009）。

卷积层的作用是进行特征提取。对于一幅输入图像，一层卷积层中包含多个卷积核，每个卷积核都能与输入图像进行卷积运算产生新的图像，新图像上的每个像素即代表着卷积核所覆盖的一小片区域内图像的一种特征，用多个卷积核分别对图像进行卷积即可提取不同种类的特征。图 6.2 中，第 2 个卷积层中输入图像为 6 幅特征图，包含 16 个卷积核，最终产生了 16 幅特征图的输出，本层的特征图是上一层提取到的特征图的不同组合。

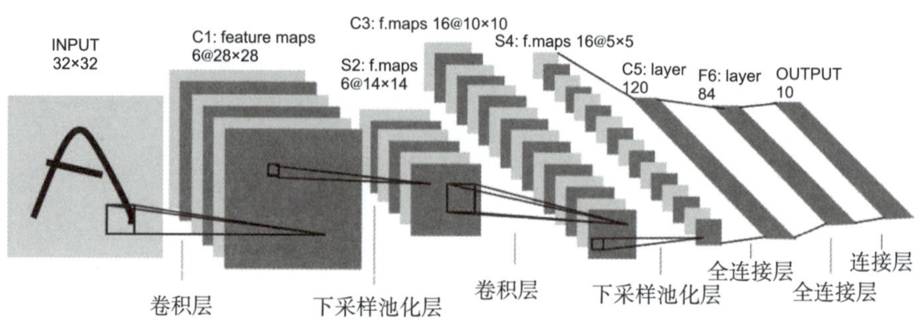

图 6.2 LeNet 网络结构

降采样层会选取输入特征图的一个小区域，图 6.2 中第一个 Subsampling 层中即每次选取 2×2 的区域，将其用一个数值进行表示，最常见的是取平均值或选区域中的最大值。这种机制背后的思想主要是 3 个方面：首先，能很快地减小数据的空间大小，如 Subsampling 层的存在使特征从 28×28 维降低到了 14×14 维，参数数目会随之减小，在一定程度上减轻过拟合。其次，降采样层保证了卷积神经网络具有一定的抗噪能力，如果在输入图像中加入一定的噪声，降采样层的输出未必会发生变化，因为输入的微小变化未必会影响区域内的最大值。最后，对图像的监督学习问题，大多数情况下特征的精确位置并不重要，重要的是特征出现与否以及其相对位置，例如对于人脸识别问题，并不需要知道眼睛的精确位置，只要能够判断出左上及右上区域存在眼睛即可判断图像是否为人脸。

卷积神经网络最后几层通常会连接几个全连接层，在整幅图像层面进行特征组合与推断，形成利于分类的特征。全连接层中输入与输出的每个节点之间都有相互连接，因此会带来大量的待估计参数。卷积神经网络的训练本质上仍然利用梯度的链式传递法则。

6.1.2 基于深度学习的点云分割方法国内外研究现状

点云是一种重要的几何数据结构，相对于二维图像，点云具有其不具备的空间三维坐标信息，然而点云具有无序性、散乱性、海量性等特点，而现有的处理二维图像的深度神经网络如卷积神经网络(CNN)、全卷积神经网络(FCN)需要输入规则的数据，无法直接处理点云这样的不规则散乱数据。现有的基于深度学习的点云分割方法有：①将散乱点云转化为规则的栅格体素输入三维卷积神经网络中实现分割；②将点云转化为 RGB 或 RGB-D 数据输入二维卷积神经网络中，实现三维物体点云的分割；③基于点云中单个点的分割方法；④将二维图像和三维点云相结合来实现点云分割。以上几类方法各有优缺点。此外，目前关于点云场景语义理解的方法大多是针对小场景的语义分割，针对室外大场景稠密激光点云的场景

理解网络模型还有很多问题亟待解决。下面介绍其中的三种方法。

1. 以栅格体素为输入的神经网络结构

为了保留更多的三维结构信息，研究人员在二维卷积神经网络模型的基础上进行改进，通过对点云进行体素化等预处理操作，提出了基于三维的卷积神经网络模型。最早的是由 Daniel 等（2015）基于监督三维卷积神经网络和点云体素化提出的 VoxNet 网络模型；Riegler 等（2016）提出了 OctNet 网络模型；Klokov 等（2017）提出了 KD-Network，通过建立八叉树、k-d 树和三维卷积神经网络，对点云进行了高分辨率体素表征，并且将表征后的结果在目标分类、点云标记等工作中进行了验证。如 Huang 等（2016）提出的基于三维卷积神经网络的大场景标注方法曾取得了不错的效果。这类方法保留了大量的三维结构信息，但只考虑了单一的体素尺度。后来，为了提高体素的表征能力，学者们相继提出了多种多尺度体素的卷积神经网络方法，如 Semantic 3D Net、MS3_DVS、MVSNet。体素化是这类方法的基础，目前体素化的方法通常有基于 0～1 表示是否有点的体素方法，基于体素网络密度的方法，以及基于网格点的方法（Daniel et al，2015）。现有的体素化的尺寸主要有：11×11×11（Wang et al，2018），16×16×16（Hackel et al，2017），20×20×20（Huang et al，2016），32×32×32（Roynard et al，2018）。由于点云的数据量大，有研究人员采用降采样体素化的方法，降低数据量（Huang et al，2016）；也有研究者通过体素化的方式将点云结构化，然后利用三维卷积神经网络、三维全卷积神经网络等方法进行语义分割（Tchapmi et al，2017）。基于三维体素化的卷积神经网络方法在 Semantic 3D Net 数据集上的 Benchmark 排名相对出色。这类方法通过网格化提供了点云结构，网格的转换解决了排列问题，同时也得到了数量不变的体素。然而，三维卷积神经网络卷积时计算量非常大，通常会降低体素的分辨率，增加量化的误差。此外，网络中仅利用了点云的结构信息，没有考虑到点云的颜色、强度等信息。

2. 以 RGB 或 RGB-D 数据为输入的神经网络结构

受深度学习在二维图像上取得较好效果的启发，Schroeder 等（1992）和 Garland 等（1997）将三维点云投影到二维图像后作为卷积神经网络的输入数据。常用的二维投影图像有基于虚拟相机的 RGB 图像、基于虚拟相机的深度图、基于传感器获取的距离图像，以及全景图像等映射图像。这些投影的方法通过利用二维图像中已经过大量图像训练的目标检测（Boulch et al，2017）与语义分割的网络模型作为预训练的模型进行微调，可以在二维图像上获取较好的检测与分类效果。常用的预训练模型主要有 VGG-16（Simonyan et al，2014）、AlexNet（Krizhevsky et al，2012）、GoogLeNet（Szegedy et al，2015）、FCN（Long et al，2014）、U-Net（Ronneberger et al，2015）等。MVCNN（Su et al，2015）、SnapNet（Boulch et al，

2017)、DeePr3SS(Felix et al,2017)等方法采用多视角投影的方法进行点云的分类,MVCNN 的网络结构如图 6.3 所示(Su et al,2015)。目前,SnapNet 和 DeePr3SS 的分类效果在 Semantic 3D Net 数据集的 reduced-8 上的 Benchmark 排名分别为第 7 和第 9。由此可知,这类方法还存在很大改进的空间。此外,这类方法容易造成三维结构信息的丢失,而且受投影角度选取的影响,同一角度的投影对物体的表征能力也不同,对网络的泛化能力有一定的影响。

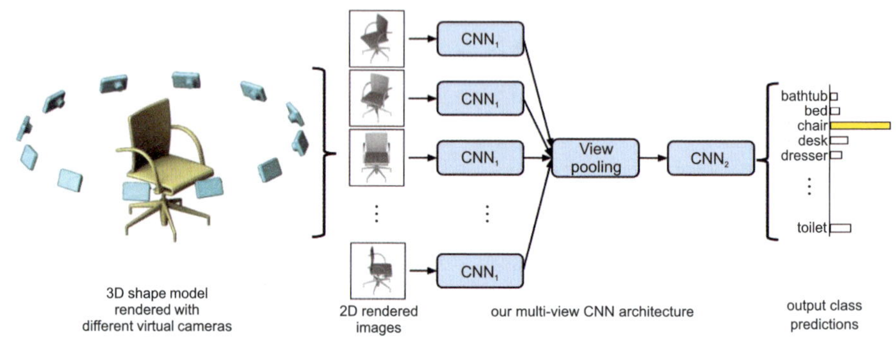

图 6.3　MVCNN 网络结构

3. 基于点云中单个点的网络模型

由于将点云转化为体素会造成网络占用内存大、运行效率不高,且会对细节的分割精度较差,而将点云投影到二维图像会造成三维结构信息的丢失,所以为了充分利用点云的多模态信息,减少预处理过程中的计算复杂度,基于点云中单个点的网络模型逐渐被提出。

斯坦福大学 Charles 团队针对室内的点云场景提出了 PointNet 网络(Su et al,2015),对室内点云数据进行了分类、部分分割、语义分割三部分工作。而后,针对 PointNet 网络中局部特征信息进行了改进,推向多尺度角度,综合局部特征,提出了 PointNet++网络模型(Qi et al,2016)。Li 等(2015)在 PointNet 网络基础上进行改进,提出了 PointCNN 网络,该方法通过对点云特性的分析,提出了一种学习点云空间邻近关系特征的 X 变换(X-transformations)方法,通过该方法可以自动学习得到点云的空间特征,然后将该特征进行加权与点云原始输入特征相关联,并将它们重新排列成潜在隐含的规范顺序,之后再在元素上应用求积和求和运算。虽然所提算法能够使点云卷积处理的性能有所提高,但 X 变换方法还有较大的改进空间,尤其是在排序方面。Jiang 等(2018)在 PointNet 的基础上进行了改进,提出了 PointSIFT 网络,该方法灵感来源于在二维图像上使用较为广泛的 SIFT 算子,SIFT 算子的成功在于考虑到了图像表示(shape representation)的两个基本特征:方向编码(orientation-encoding)和尺度感知(scale-awareness)。参考 SIFT 特征子，笔者设计了一个 PointSIFT 模块，用来对三维点云在不同方向上的信息进行编码，并且也具有尺度不变性。首先，8 个重要方向的信息通过一个方向编码单元(orientation-encoding unit)来提取；其次，通过堆叠多个尺度下的方向编码单元，以获得尺度不变性，从而解决了 PointNet 无法学习得到点云局部特征的缺点。然而，PointSIFT 网络结构大部分是 PointNet 的网络结构设计，在得到点云的空间尺度不变性的同时，也会使计算量增加，导致其网络运行效率较低。Jiang 等(2018)在 PointNet＋＋基础上，提出最新的 SO-Net 网络，Behl 等(2018)对 PointNet 改进提出 PointFlowNet 网络，这些网络模型均取得了较好的效果。虽然对于大规模点云还具有一定的局限性，但这些网络为后续的大规模点云的语义分割提供了重要基础。

鉴于基于点的网络模型在点云分类上取得的较好效果，越来越多的人对这类方法进行了改进。由于原始的 PointNet 对于大规模点云具有局限性，有研究者首先通过对大规模点云进行预先的分割或者分块处理，然后利用 PointNet 网络进行分类。如 SPGraph，2018 年该方法在目前的 Semantic 3D 数据集的 Semantic-8 和 reduced-8 上的 Benchmark 均排名第一。

6.2 点云分割网络

在目前的点云分割网络模型中，PointCNN 具有不错的分割精度与效率。因此，在室内建筑元素的分割中，我们采用 PointCNN 网络结构，其主要目标是在无序和不规则的点云上进行卷积操作，然而如果直接用卷积核与点的相关联特征进行卷积操作，将会导致相关点丢失形状信息。为了解决这一问题，PointCNN 网络通过从输入点云中学习得到 X 变换，然后再将 X 变换矩阵与点云相关的特征进行加权求和，最后再进行分层卷积操作。PointCNN 的网络结构主要由分层卷积与 X-Conv 算子组成。卷积算子的分层应用对于 CNN 分层至关重要。PointCNN 拥有相同的设计，并将其应用在点云中。在本节中，首先在 PointCNN 中引入类似于图像 CNN 的分层卷积操作，然后详细解释核心 X-Conv 算子，最后展示用于分割任务的 PointCNN 架构。

6.2.1 分层卷积

图像 CNN 中使用的分层卷积，如图 6.4 所示。图像 CNN 的输入为大小为 $R_1 \times R_1 \times C_1$ 的特征映射，其中 R_1 是空间分辨率，C_1 为特征通道深度。形状大小为 $K \times K \times C_1 \times C_2$ 的卷积核 K 对来自 F_1 的形状大小为 $K \times K \times C_1$ 的局部特征产生形状为 $R_2 \times R_2 \times C_2$ 的另一个特征映射 F_2。如在图 6.4 的上部分中，$R_1 =$

4，$K=4$，并且 $R_2=3$，与 F_1 相比 F_2 通常具有较低的分辨率($R_2<R_1$) 和较深的通道数($C_2>C_1$)，并且处理更高维的信息，递归以上过程，将产生越来越低空间分辨率的特征图。图 6.4 上部分中空间分辨率从 4×4→3×3→2×2，但是特征通道却越来越深。PointCNN 的输入是 $F_1=\{(P(1,i),f(1,i)):i=1,2,\cdots,N_1\}$，其中 P 是点云输入的 D 维坐标(如果输入点云为三维坐标，则 $D=3$)，f 则是与输入点云 P 中每一个点相关联的特征。借鉴图像 CNN 中的分层卷积，现希望在 F_1 上应用 X-Conv 并获得更高级的表示 $F_2=\{(P(2,i),f(2,i)):i=1,2,\cdots,N_2\}$，与图像卷积相类似，这里也要求 $N_2<N_1$，$C_2>C_1$，随着一层一层卷积映射，点的数量越来越少，而每个点的特征通道越来越深。如图 6.4 下部分所示(点由 9 → 5 → 2)，$P(2,i)$ 不一定是 $P(1,i)$ 的子集。$P(2,i)$ 可以在点云中任何位置，只要其对信息的“投影”或“聚合”有意。在 PointCNN 中，$P(2,i)$ 对 $P(1,i)$ 采用的是最远点采样(fast point sampling)。这样可以选取出一些特殊点，在几何处理中表现出比较好的效果。

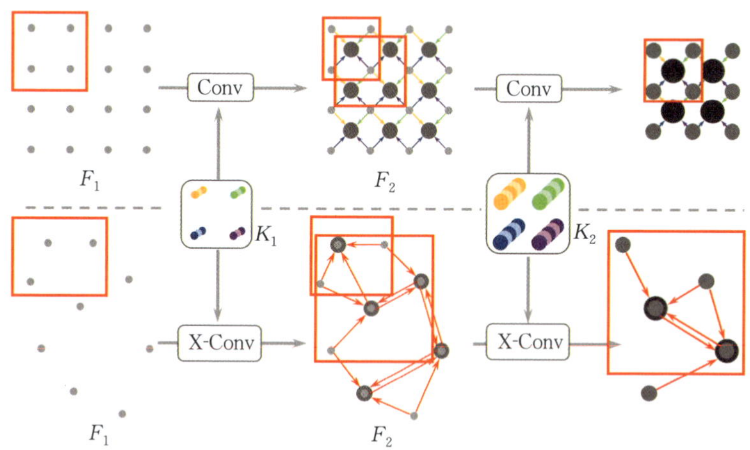

图 6.4　图像 CNN(上)与点云(下)的分层卷积

6.2.2　X-Conv 算子

X-Conv 算子是将 F_1 转化为 F_2 的核心运算符，为了利用空间局部相关性，类似于图像 CNN 中的卷积。X-Conv 与局部区域一起工作，由于输出特征应该与代表点 $P(2,i)$ 相关联，因此 X-Conv 将其在 $P(1,i)$ 中的邻近点以及相关联的特征作为输入进行卷积。为了简单起见，将 $P(2,i)$ 中的代表点表示为 P_i，将其在 $P\{1,i\}$ 中的 K 个领域表示为 N，因此 X-Conv 输入的特定点云为 $S=\{(P_i,f_i):P_i\in N\}$。其中，S 是无序集，在不失一般性的情况下，S 可以变形成

为 $K \times D$ 矩阵 $\boldsymbol{P} = [P_1 \ P_2 \ P_3 \ \cdots \ P_k]^{\mathrm{T}}$ 和 $K \times C_1$ 的矩阵 $\boldsymbol{F} = [f_1 \ f_2 \ f_3 \ \cdots \ f_k]^{\mathrm{T}}$。X-Conv 的可训练参数量为 $K \times (C_1 + C_\delta) \times C_2$ 张量。通过这些输入，我们想要计算特征 $f \times p$，即将输入特征“投射”或“聚合”到代表点 p 中。具体的 X-Conv 算子如算法 1 所示，可更简洁地表示为

$$F_p = \text{X-Conv}(K, p, \boldsymbol{P}, \boldsymbol{F}) = \text{Conv}(K, \text{MLP}(\boldsymbol{P} - p) \times [\text{MLP}_\delta(\boldsymbol{P} - p), \boldsymbol{F}])$$

算法 1：如下所示。

算法 1：X-Conv 算子	
Input：$K, p, \boldsymbol{P}, \boldsymbol{F}$	
Output：$\boldsymbol{F}_p$	特征“估算”或“聚合”到 p
1：$\boldsymbol{P}' \leftarrow \boldsymbol{P} - p$	将点集 $\boldsymbol{P}$ 变换到以 p 点为中心的局部坐标系
2：$\boldsymbol{F}_\delta \leftarrow \text{MLP}_\delta(\boldsymbol{p}')$	逐点应用MLP_δ，将 p' 从 $\mathbf{R}_3$ 坐标空间映射到 $\mathbf{R}C_\delta$ 特征空间
3：$\boldsymbol{F}^* \leftarrow [\boldsymbol{F}_\delta \boldsymbol{F}]$	把 $\boldsymbol{F}_\delta$ 和 $\boldsymbol{F}$ 拼接起来，$\boldsymbol{F}^*$ 是一个 $K \times (C_\delta + C_1)$ 矩阵
4：$\boldsymbol{X} \leftarrow MLP(\boldsymbol{p}')$	用 MLP 学习 $\boldsymbol{p}'$ 获得 $K \times K$ 的 $\boldsymbol{X}$ 变换矩阵
5：$\boldsymbol{FX} \leftarrow \boldsymbol{X} \times \boldsymbol{F}^*$	应用 $\boldsymbol{X}$ 变换矩阵加权置换 $\boldsymbol{F}^*$
6：$\boldsymbol{F}_p \leftarrow Conv(\text{K}, \boldsymbol{FX})$	进行卷积

其中，$\text{MLP}_\delta(\cdot)$ 是在每个点上单独应用的多层感知器，与 PointNet 中的相同。构建 X-Conv 所涉及的所有操作，即 $\text{Conv}(\cdot, \cdot)$、$\text{MLP}(\cdot)$、矩阵乘法和 $\text{MLP}_\delta(\cdot)$ 是可微分的。在这种情况下，显然，X-Conv 是可微分的，因此可以通过反向传播插入神经网络进行训练。

在网络结构实现中，应用 K 最近邻搜索来提取 K 个邻近点，这假定输入点或多或少均匀分布。对于具有非均匀点分布的点云，可以首先应用半径搜索，然后从半径搜索结果中随机选取采样点 K 。X-Conv 的可训练核 K 是 $K \times (C_1 + C_\delta) \times C_2$ 张量。可训练参数编号与相邻点 K 的数量成比例，而不是在图像卷积神经网络中是二次方的，或在三维卷积神经网络中是立方的。从这个意义上讲，在输入表示和内核中都考虑了 PointCNN 的稀疏性，并且节省了内存和计算，稀疏内核能够耦合长程信息，而不会显著增加可训练的参数数量。由于 X-Conv 设计用于局部点区域，因此输出不应取决于 p 及其相邻点的绝对位置，而应取决于它们的相对位置。因此，在代表点和相邻点处建立局部坐标系转换为原点周围的中心，即 $\boldsymbol{P}' \leftarrow \boldsymbol{P} - p$（算法 1 的第 1 行）。且一个点可以在多个代表点附近，因此一个点在不同代表点的局部坐标系中可以处于不同的相对位置。它代表相邻点的局部坐标及其相关特征，用于定义输出特征。换句话说，除了相关的特征之外，本地坐标本身也是输入特征的一部分。然而，局部坐标与相关特征具有完全不同的维度和表示。首先，将坐标提升为更高维度和更抽象的表示（$\boldsymbol{F}_\delta \leftarrow MLP_\delta(\boldsymbol{p}')$，算法 1 的第 2 行）；然后，将其与相关特征（$\boldsymbol{F}^* \leftarrow [\boldsymbol{F}_\delta \boldsymbol{F}]$，算法 1 的第 3 行）用于进一步处理。将坐标

提升为特征是通过逐点 进行$MLP_{\delta}(\cdot)$，这与 PointNet 和 PointNet++中的相同。但是，提升的特征不是由点 CNN 中的对称函数处理的。相反，它们通过学习的 X 变换被加权并且可能与相关特征一起被置换。与 $MLP_{\delta}(\cdot)$ 不同，$MLP(\cdot)$ 被应用于整个相邻点坐标。因此，得到的 $\boldsymbol{X}$ 取决于点的顺序，并且这是期望的。因为 $\boldsymbol{X}$ 应该根据输入点置换 $\boldsymbol{F}^{*}$，所以它必须知道特定的输入顺序。X-Conv 一个不错的特性是，它以非常统一的方式处理带有或不带有附加功能的点云。对于没有任何附加特征的输入点云，即 $\boldsymbol{F}$ 为空，第一层 X-Conv 仅使用 $\boldsymbol{F}_{\delta}$。

6.2.3 网络结构

从图 6.5 中可以看到，图像 CNN 和 PointCNN 的 X-Conv 层中的卷积层仅在两个方面有所不同：一是提取局部区域的方式（图像 CNN 中的 $K \times K$ 个邻域与 PointCNN 中代表周围的 K 个邻近点）；二是学习本地区域信息的方式（图像中的 CNNs 与 PointCNN 中的 X-Conv）。除此之外，X-Conv 层组装深度网络与图像 CNN 中的卷积层没有太大区别。

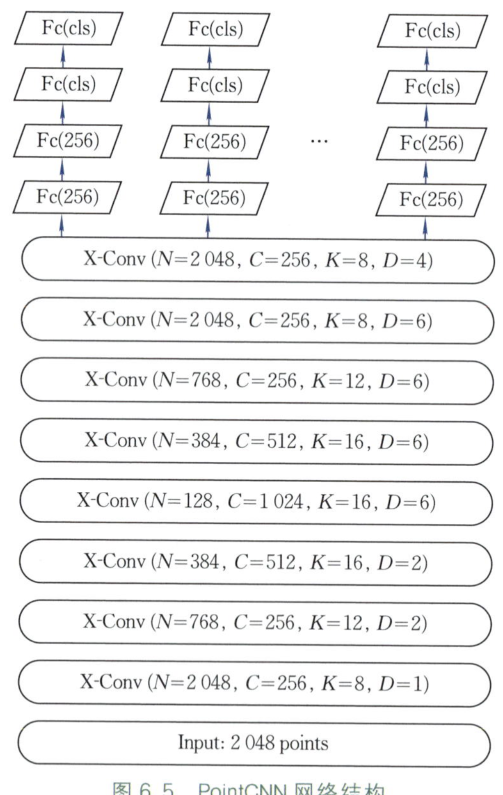

图 6.5　PointCNN 网络结构

在图 6.5 中，展示了所用的网络结构，其中三个 X-Conv 层逐渐将输入点转换为更少的表示点，但每个点都具有更丰富的特征。在第三个 X-Conv 层之后，只剩下 384 个代表点，它从前一层的所有点接收信息。在 Point CNN 中，我们可以粗略地将每个代表点的接收场定义为比率 K/N ，其中 K 是相邻点数，并且 N 是前一层中的点数。随着前三层 X-Conv 的训练，网络输入的点数越来越小，因此造成无法彻底训练网络结构中的最顶层 X-Conv 层。为了解决这个问题，我们使用了扩张卷积的思想，即从 $K \times D$ 个相邻点中均匀地采样 K 个输入点，而不是总是将 K 个相邻点作为输入，其中 D 是扩张率。在这种情况下，接收场比率 K/N 增加到 $(K \times D)/N$ ，而不增加实际相邻点数，也不增加内核大小。点云分割实际是每一个点的分类，需要高分辨率的逐点输出。为了实现对每个点的分类，在 PointCNN 后面几层中使用了卷积反卷积（Conv-DeConv）的结构。PointCNN 分段网络中的“Conv”和“DeConv”都是相同的 X-Conv 运算符。对于“DeConv”层，与“Conv”层的唯一区别在于输出中的点数少于特征通道，但输入中的特征通道数量更少。

6.3 实　验

本节使用前面的网络结构应用在室内建筑元素点云分割的实验中。具体场景为北京建筑大学某一栋教学楼，该楼共有 5 层。使用 Faro130 扫描仪对该区域进行扫描得到实验所用原始输入数据，该数据包括 3 个走廊 40 个房间，并将每一个房间中的建筑元素分为门、墙壁、天花板、地板等 11 个种类，每一类点中都包括 (X,Y,Z,R,G,B,I) 七维特征。但是因为站式扫描仪得到的点云比较稠密，网络无法直接处理，所以需要对原始点云进行预处理。在网络训练的过程中需要调节网络训练参数，使网络训练与测试达到最佳拟合。在得到网络模型后，需要对得到的模型进行精度评定，确定分割实验的好坏。

6.3.1 训练数据的预处理与数据集制作

对于 Faro130 扫描仪扫描得到的原始点，需对其进行数据预处理，主要步骤包括点云配准、点云去噪两部分。

1. 点云配准

实验中采用了基于特征的配准方法。首先，扫描前在扫描场景周围设置了多个控制标靶球，在扫描时保证了每个相邻扫描站中有 3 个或 4 个以上控制标靶球。然后，在点云中识别这些标靶点。最后，利用刚体变化将相邻点云转换至同一坐标系下，从而完成点云的配准。

2. 点云去噪

三维激光扫描仪在扫描获取点云数据的时候，不可避免地产生一些误差较大的点，这些误差较大的点就称为噪声点。在建立三维模型的时候，这些噪声点会产生很大的影响，因此必须将其剔除。如果不进行去噪工作，建立出来的三维模型会与原有的实际实体有很大差异，曲面拟合的质量和三维模型建立的精度就不能满足要求，因此对扫描数据需进行较好的去噪。本次实验采用了基于重心的点云数据去噪算法。该算法是先将散乱点云数据网格化，在网格化基础上实现点云数据的去噪。其基本原理是在点云数据用包围盒法压缩后，将点云数据每个小正方体的重心点提取出来，并进行保存。

针对每个小正方体，首先，将其内部每个点云数据点到重心点的距离计算出来。根据统计学要求，当小正方体内点云个数足够多(一般要求不少于 30 个)的时候，假设这些点云数据点到小正方体重心点的距离服从正态分布。然后把这些距离的平均值和标准差计算出来，根据误差原理，将距离在一定范围内的点保留，另外的点删除，从而达到去噪的目的。按照上述方法把所有的小正方体内点云数据处理一遍，从而实现对整个点云数据的去噪。

3. 数据集的制作

网络的训练需要大量的数据集，在网络训练前通过手工标定的方法将室内点云分割成 11 种室内建筑元素，如门、窗户、天花板、地面等。具体的数据集结果如图 6.6 所示。

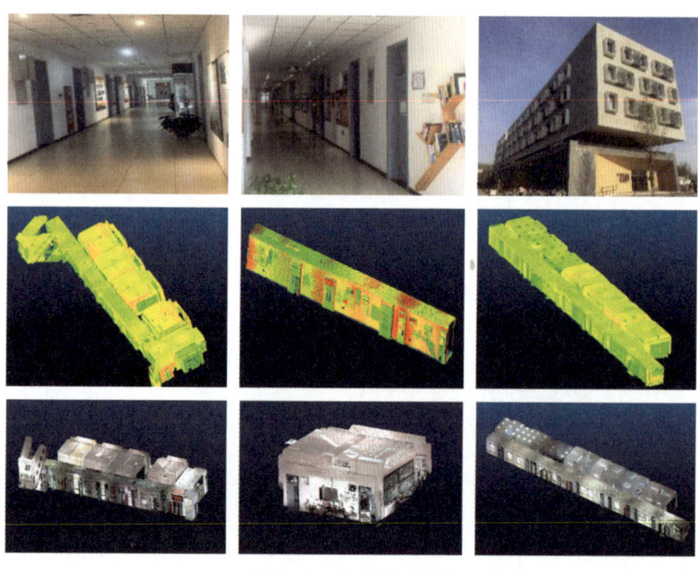

图 6.6　数据集分割

6.3.2 训练调参

深度学习之所以具有丰富的表达能力，非常关键的一点就是激活函数(activation function)。激活函数就是一系列叠加在一起的非线性处理单元，理论上，这一系列的非线性处理单元可以逼近任意函数(这里指的是从输入到输出效果)。几种常见的激活函数包括sigmoid、tanh和ReLu。在网络训练中，所使用的激活函数为ELU函数，因为它的训练表现效果比ReLu函数更好。在网络训练中，本节也使用了数据批量归一化的数据处理方法。通过使用批量归一化，可以使数据拟合速度更快，增强了数据拟合效果。在可分离卷积中，对于损失函数的训练使用了ADAM优化器，并且将卷积的初始学习率设置为0.01。图6.7展示了学习率的变化。

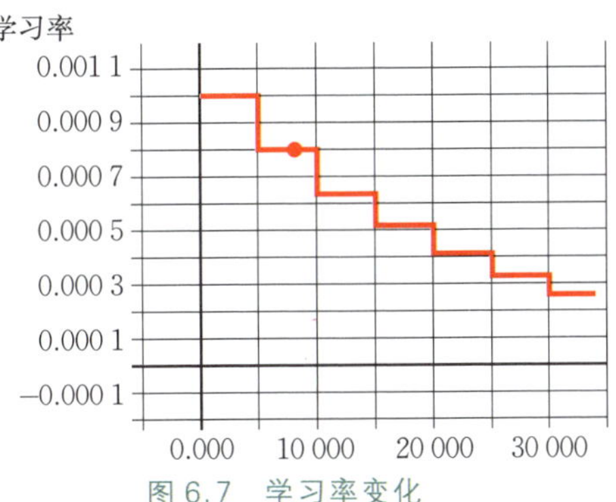

图6.7 学习率变化

6.3.3 精度评定与分割结果可视化

为了判断分割神经网络是否具有不错的精度与效率，必须严格评估各网络结构的性能，而且要使用标准的和众所周知的指标进行评估，以便与现有的方法进行严格公平的对比。此外，除精度与效率外，还要评估网络结构的执行时间、内存占用等。网络结构的应用目的不同，其性能评估的侧重点也不同，如要求网络结构具有实时性，那么网络执行时间的评估重要性就远远大于其精度评估。该网络结构对于实时性要求不高，精度评定主要为对于分割的精度评估。图像分割中通常使用许多标准来衡量算法的精度。这些标准通常是像素精度及交并比的变种，而在点云分割中的衡量方式与图像原理一致，只不过是图像的像素变成点云中的点。下面将介绍几种逐像素(在点云中为每一个点)标记的精度标准。为了便于理解，假设共有$k+1$个类(从L_0到L_k，其中包含一个空类或背景)，p_{ij}表示本属于类i但是被预测为j的像素(在点云中为每一个点)数量。即p_{ii}表示分割正确的真正数量，而p_{ij}、p_{ji}则分别被解释为假正与假负，尽管两者都是假正与假负之和。各项指标定义与计算如下。

(1)像素精度(pixel accuracy，PA)是最简单的度量，为标记正确的像素占总像素的比例，计算公式为

$$PA = \frac{\sum_{i=0}^{k} p_{ii}}{\sum_{i=0}^{k} \sum_{j=0}^{k} p_{ij}} \tag{6.1}$$

(2)均像素精度(mean pixel accuracy,MPA)是像素精度的一种简单提升,计算每个类内被正确分类像素数的比例,之后求所有类的平均,均像素精度的计算公式为

$$MPA = \frac{1}{k+1} \sum_{i=0}^{k} \frac{p_{ii}}{\sum_{j=0}^{k} p_{ij}} \tag{6.2}$$

(3)交并比(intersection over union,IoU)是分割中常用的一个度量。其计算两个几何的交集与并集之比,在分割问题中,这两个几何为真实值(ground truth)与预测值(predicted segmentation),交并比的计算公式为

$$IoU = \frac{\sum_{i=0}^{k} p_{ij}}{\sum_{i=0}^{k} \sum_{j=0}^{k} p_{ij} + \sum_{i=0}^{k} \sum_{i=0}^{k} p_{ji} - p_{ii}} \tag{6.3}$$

(4)均交并比(mean intersection over union,MIoU)是语义分割中的标准度量。其是交并比的提升,在每一个类上计算交并比,均交并比的计算公式为

$$MIoU = \frac{1}{k+1} \sum_{i=0}^{k} \frac{p_{ii}}{\sum_{i=0}^{k} p_{ij} + \sum_{j=0}^{k} p_{ji} - p_{ii}} \tag{6.4}$$

在上述所有指标中,由于其代表性和简单性,均交并比作为最常用的指标脱颖而出。大多数挑战项目和研究人员利用该指标来报告结果。用神经网络对点云数据进行分割的结果如图 6.8、图 6.9 所示。

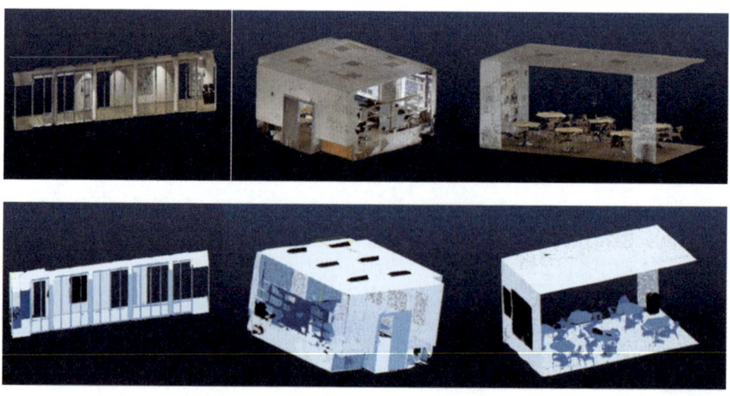

图 6.8　在 S3DIS 数据集上的分割结果

图 6.9　在室内数据集上的分割结果

第7章 多核并行计算优化

与一般的工业反求领域不同，古建筑场景十分庞大，往往一个场景的扫描点个数达到百千万数量级，这使得点云的处理过程十分耗时。另外，点云数据的综合处理往往由多种处理算法组合嵌套而成，相对于基本处理算法，其处理耗时常常是成倍地增加。因此，面对古建筑庞大的点云数据量，数据处理算法的效率就显得尤为重要。这一方面需要通过算法结构本身的优化来提高运行效率；另一方面可以利用当前通用计算领域的软硬件技术，从并行计算着手提高数据处理的整体效率。

在2000年以前，计算机计算性能的提高主要是通过中央处理器主频的提升来实现。2000年以后，随着散热和功耗等问题的影响，中央处理器主频的继续提升越来越困难，于是主流芯片厂商纷纷调整方向向多核架构发展。自2006年开始，双核芯片已经成为市场的主流，到2007年底，40%的台式机中央处理器和70%的笔记本中央处理器已经采用了多内核架构。目前双核、四核、六核的中央处理器大行其道，多核时代已经来临。

利用当前计算机普遍配置的多核中央处理器，可以显著提升海量点云数据的处理速度。然而，相对于计算机芯片的发展变化，在点云数据处理方面对于如何利用多核并行计算提升算法的处理效率探讨得不多。本章讨论了多核并行计算技术及点云处理算法的并行化设计思路，并针对前面章节提出的点云处理算法进行了算法改造和优化。

7.1 并行计算与多核技术

并行计算是在并行计算机上，将一个大的任务分解为多个子任务，交由不同的处理器进行处理。各处理器在执行子任务时协同工作、并行处理，从而提高任务的整体执行速度。并行计算是相对于串行计算来说的，可分为时间上的并行和空间上的并行。时间上的并行就是指流水线技术，而空间上的并行则是指用多个处理器并发执行的计算。并行计算机是并行计算的载体，它至少由两个处理单元组成，各处理单元相互协作，共同完成大规模的计算任务。在1972年，Michael提出了计算机系统结构的划分方法。该方法按数据流和指令流的多倍性状况对计算机系统进行分类，具体包括：单指令流单数据流计算机（single instruction stream single data stream，SISD）、单指令流多数据流计算机（single instruction stream multiple

data stream，SIMD)、多指令流单数据流计算机(multiple instruction stream single data stream，MISD)、多指令流多数据流计算机(multiple instruction stream multiple data stream，MIMD)。

单指令流单数据流计算机(SISD)实质上就是串行计算机，对于该类计算机，所有的指令都是串行执行，在一个时钟周期内，中央处理器也只能对一个数据流进行处理。单指令流多数据流计算机(SIMD)的指令是串行执行，但是一个指令能够同时处理多个数据流。SIMD 在图像处理和数字信号处理等领域得到广泛的应用，以前的诸如向量处理机等计算机都具备此类处理能力。多指令流单数据流计算机(MISD)是指利用多个指令流来同时处理一个数据流。该类计算机实际应用意义不大，目前只是一种理论的系统结构。多指令流多数据流计算机(MIMD)能够并行地执行多个指令流，每个指令流又能够对多个数据流进行处理。多指令流多数据流结构目前广泛流行，最近几年出现的多核计算机即是该类型结构。

并行计算机的系统结构，按照并行控制模式来分，可以分为基于共享内存和基于消息传递的两类系统结构。基于共享内存的并行计算机，为各个处理单元提供共享内存的异步访问来协调任务的并行处理。基于消息传递的并行计算机，各个存储单元只拥有独立的局部存储器，各个处理器通过互联网络连接，并采用消息传递来协调任务的并行执行。通常，基于共享内存的系统结构被称为多处理器结构，基于消息传递的系统结构被称为多计算机结构。但随着技术的发展，这种区别已经变得模糊。在多个计算机节点的硬件环境下，同样可以通过软硬件技术虚拟一个统一地址空间的共享内存来协同任务的并行处理。

目前，随着硬件技术的发展，带有多核处理器的并行计算机越来越广泛地被市场所接受。以前计算机计算性能的增加主要靠中央处理器的主频提升，但当单核中央处理器的主频速度接近 4 GHz 时，这种方式已经难以维持。一方面，单纯的主频提升，已经无法明显提升系统的整体性能。另一方面，随着功率增大，散热问题也越来越成为一个无法逾越的障碍。据测算，主频每增加 1 GHz，功耗将上升 25 W，而在芯片功耗超过 150 W 后，现有的风冷散热系统将无法满足散热的需要。3.4 GHz 的奔腾 4 至尊版，晶体管达 1.78 亿个，最高功耗已达 135 W。

多核处理器是在一个处理器芯片上封装了多个微处理器，每个微处理器有独立的控制流，有不同的内部状态。多核处理器包括共享内存和不共享内存两种，几种处理器的结构如图 7.1 所示。

多核处理器属于多指令流多数据流架构，对于支持多线程的操作系统来说，由于多核处理器拥有多个执行核，因此可以对多个线程进行并行的处理。多核平台可以使用基于共享内存的并行计算机，结合多线程技术，对任务中各个线程进行并行的控制与协调，可以实现高效的并行任务处理。

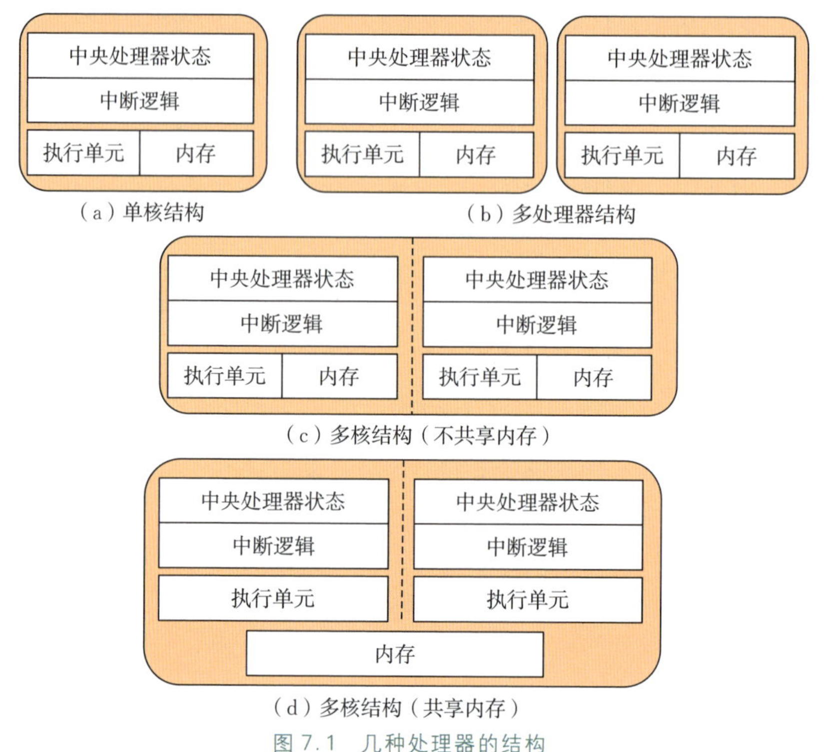

图 7.1　几种处理器的结构

7.2　OpenMP 并行编程模型

OpenMP(open multi-processing)是由 OpenMP 架构审查委员会(OpenMP Architecture Review Board)牵头提出,多家计算机供应商参与联合开发,针对共享内存多处理器体系结构的可移植性并行编程模型。OpenMP 主要包括支持多核并行计算的编译宏指导(compiler directive)和函数库。其支持的编程语言包括C、C++和 Fortran,支持 OpenMP 的编译器包括 Sun Compiler、GNU Compiler和 Intel Compiler 等。OpenMP 提供了对并行算法的高层抽象描述,相对于其他方式的算法并行化改造,基于 OpenMP 模型的多核并行处理架构的改造工作量往往十分小。程序员通过在源代码中加入专用的 pragma 编译宏来指明自己的算法执行意图,此时编译器可以自动将程序进行并行化,并在必要之处加入同步互斥以及通信。当选择忽略这些编译宏时,程序又可退化为串行算法,代码仍然可以正常运作。

OpenMP 提供的这种共享内存模型降低了并行编程的难度和复杂度,程序员可以将更多的精力投入到并行算法本身,而非并行处理的细节。对于数据密集型的并行算法设计,OpenMP 是一个很好的选择。同时,OpenMP 的跨平台性也提供了更强的灵活性,开发者写的并行算法基本不做修改就可以运行到多个操作系统和硬件平台。OpenMP 能够十分容易适应不同的并行系统配置。对于线程粒度和负载平衡等传统多线程程序设计中的难题,OpenMp 库接管了大部分的实现细节,程序员只需要指定相关的实现策略即可。

当前双核、四核的中央处理器普遍流行,六核的中央处理器也已经面世多时,充分利用多核资源,提高运算和处理效率,是当前算法处理并行化研究的热点。基于 OpenMP 模型,能够方便地实现多核并行化算法处理。

OpenMP 采用 Fork-Join 模型实现并行处理。程序开始于主线程并进行串行执行,在遇到并行域后,主线程根据 CPU 的核数或用户指定的线程数建立并行执行的多线程。到所有线程执行完毕后,派生线程挂起或退出,主线程继续执行。图 7.2 阐述了 Fork-Join 模型的执行模型。

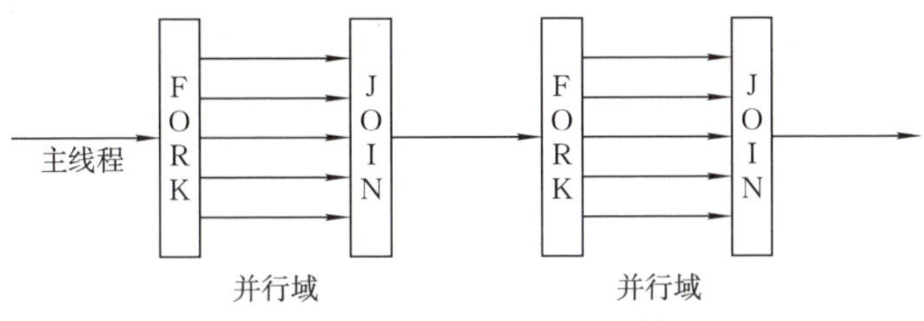

图 7.2 OpenMP 的 Fork-Join 模型

7.3 算法的并行计算优化

7.3.1 多核环境下并行优化的原则

点云处理算法的并行优化,是将以前的串行处理算法改造成并行算法,依靠并行计算技术优化算法的执行效率。并行算法是一些可同时执行的诸线程或进程的集合,这些线程或进程互相作用和协调动作从而达到给定问题的求解。根据处理的内容不同,可以将并行算法分为数值计算和非数值计算。根据各线程和进程的同步关系,可以分为同步算法和异步算法。根据算法的执行环境,可以分为分布式计算、网络计算、网格计算以及多核计算等。从并行算法的同步机制上来看,又可以分为基于消息传递和基于共享内存等类型。

串行算法的并行化,首先要将算法的处理内容进行分解。算法的分解方式包括:任务分解、数据分解和数据流分解三种。任务分解是根据处理内容执行的功能进行分解。通过任务分解，可以将一个大的处理程序分解为不同的独立处理任务，并对不相关的任务进行并行调度处理。如果一个算法对待多个数据的处理过程相同，而各部分数据之间不存在相互关系，则可以通过数据的分解实现算法的并行化。数据分解可以针对不同区域的数据分别建立处理线程来实现算法的并行化。数据流分解则是针对各功能间的数据流关系对算法进行分解。在实际的并行优化过程中，算法的分解往往是混合的方式，对于数据密集型算法以数据分解或数据流分解为主，对于功能密集型算法则以任务分解为主。

多核计算机属于共享内存的并行计算机，古建筑点云数据的处理又属于数据密集型的并行计算，因此宜采用共享内存的并行计算编程模型（OpenMP），以数据分解为主实现算法的并行优化。古建筑点云数据的处理算法并行优化的原则如下。

1. 提高算法的并行度

算法的并行度越高，算法的加速比也越高，随着执行核的数量增加，算法执行速度提升的效果也越明显。因此串行算法的并行化，需要尽可能地提高算法的并行度。

2. 进行粗粒度分解

由于线程调度开销等成本存在，算法分解的粒度越细，并行计算加速的效果越不明显。进行粗粒度的算法分解，可以减少线程的调度开销，促使各处理核充分工作。

3. 减少各线程间的协调与通信

线程间的通信和同步，同样会占用执行核的计算资源。尽可能地降低线程间的通信和同步控制，有助于降低成本，提高算法效率。

4. 综合考虑并行计算的成本

对于一些可分解和并行细微处理过程，需要综合考虑并行计算带来的速度提升和线程调度开销带来的成本增加，并放弃高成本低性能的并行改造。

5. 综合考虑执行核的负载均衡

在多核计算中，需要考虑将各个线程计算量均衡地分配到各个中央处理器核上，如果负载平衡解决不好，会导致部分核被闲置。

7.3.2 主要算法的并行优化

基于 OpenMP 的并行计算算法优化，并不是要对所有可并行的算法都进行并行化改造。考虑到并行计算本身的开销、算法计算的稳定性，以及处理庞大点云的耗时性，一些不被频繁调用的细粒度算法过程在并行化改造后对算法的整体提速可以忽略不计，因此这些过程可以不用考虑并行化改造。算法的并行优化主要通过分析算法的耗时瓶颈部分，对该部分代码进行并行计算改造来实现。本书中涉及的主要算法包括 MultiGrid-KD 树索引创建、法向量与曲率估算、AQ-DBSCAN 聚类、重叠区分析与碎面过滤、基准面拟合与三角网构建等。

1. MultiGrid-KD 树索引创建

在 MultiGrid-KD 树索引创建的算法中可并行优化的部分主要包括点云最小包围盒统计、自顶向下的八叉树分割、格网索引和叶节点区域的关联，以及第二级索引的 k-d 树的创建等。算法并行优化后如下。

```
输入:点集 X
输出:格网索引数组 Index[m][n][l]及区域数组 Region[k]
    将最小包围盒 Bound[6]初始化为 X 第 0 个元素的值
    #pragma omp parallel for schedule(dynamic)//进行并行计算
    for(i = 0; i<X 的元素个数; i ++ ){
        根据 x_i 扩展 Bound[6]的范围
    }
    Bound[6]再向四周各扩展 0.001 m,以避免有点正好在边界上。
    设置点数阈值为 5 000
    将 Bound[6]依八叉树划分为 8 个子区域
    #pragma omp parallel for schedule(dynamic)//进行并行计算
    for(i = 0; i<8; i ++ ){
    调用每个子区域的空间划分函数,如果点数少于阈值则构造叶节点,并将其指针保存到
    叶节点数组中
    }
    计算数组格网的单元尺寸 dx、dy、dz 和格网数
    #pragma omp parallel for schedule(dynamic)//进行并行计算
    for (i = 0; i<数组索引格网个数; i ++ ){
    建立数组索引到区域的关联
    }
    #pragma omp parallel for schedule(dynamic)//进行并行计算
    for(i = 0;i<叶节点个数; i ++ ){
    对每个叶节点中的点对象进行 k-d 树的构造
    }
```

2. 法向量与曲率估算

法向量和曲率估算的算法并行优化比较简单，由于主要是计算点云各点的法向量和曲率值，不存在对数据本身的修改，因此不存在数据竞争和同步的问题。算法的改造思路如下。

```
输入:点集 X
输出:X 的法向量或曲率
   #pragma omp parallel for schedule(dynamic)//进行并行计算
   for(i = 0; i<X 的元素个数; i++){
        计算 x_i 的法向量或曲率
   }
```

3. AQ-DBSCAN 聚类算法

AQ-DBSCAN 聚类的算法主要包括 4 个部分：σ 和 $MinPts$ 的参数估算、代表点选取、邻接簇的检查及归并、聚类主算法。考虑到代表点选取算法粒度较细，而且该算法主要被聚类主算法循环调用，因此不对代表点选取算法进行改造。邻接簇的检查及归并本身耗时很少，并行化后数据竞争比较严重，互斥和同步处理的开销很高，因此也不进行并行化改造。

σ 和 $MinPts$ 的参数估算算法的并行化改造，主要是针对逐点遍历统计的 for 循环结构进行并行化处理，对于共享的变量进行关键区保护。算法并行优化后如下。

```
输入:点集 X
输出:参数 MinPts 和σ
   设定 MinPts 为 4
   创建距离集合 D
   查询离 x_0 最近的 4 个点
   获取这 4 个点离 x_0 的最远距离 d_0
   d_min = d_max = d_0
   #pragma omp parallel for schedule(dynamic)//进行并行计算
   for(i = 1;i<X 的元素个数;i++){
        查询离 x_i 最近的 4 个点
        获取这 4 个点离 x_i 的最远距离 d_i
        将 d_i 加入 D
        if(d_min>d_i){//只有 d_min>d_i,再开启关键区进行共享变量赋值
             #pragma omp critical//d_min 属于共享变量,进行关键区保护
             {
                  if(d_min>d_i)//再判断一遍,因为这之前其他线程可能已经改了 d_min
                       d_min = d_i
             }
```

```
        }
        else if(d_max<d_i){
            #pragma omp critical//d_max 也属于共享变量,进行关键区保护
            {
                if(d_max<d_i) //再判断一遍
                    d_max = d_i
            }
        }
    }
    设定距离坐标划分单位数 m 为 500
    划分间隔 d_m = (d_max - d_min)/500
    创建距离统计数组 M
    c = 0
    for(i = 0;i<m;i++){//由于统计的是按顺序累计点数,因此不做并行计算改造
        if(i == 0)
            d_1 = 0
        else
            d_1 = d_min + (i - 1) × d_m
        d_2 = d_min + i × d_m
        循环获取 D 中的元素 d_j{
            if(d_1<d_j<d_2){
                c++
                删除 d_j 并更新D 的游标
            }
        }
        M_i = c
    }
    计算直线方程 l 的参数a,b,c
    d_lmin = 0
    #pragma omp parallel for schedule(dynamic) private(d_l) //进行并行计算
    for(i = 0;i<m;i++){
        d_l = 点 M_i 到直线 l 的距离
        if(d_lmin<d_l){
            #pragma omp critical//d_lmin 属于共享变量,进行关键区保护
            {
                if(d_lmin<d_l) //再判断一遍
```

```
            d_1min = d_1
        }
    }
}
σ = d_1min
```

聚类的主算法涉及基于区域增长的方法所属各点的类别赋值。如果按照 for 循环进行并行处理,数据同步的开销较大,因此本算法的并行化采用数据分治的思路。具体改造如下。

```
输入:点集 X
输出:X 的聚类及其对应的元素
  调用参数统计算法,计算 σ 和 MinPts
  int nc = omp_get_num_procs();//获取处理核的个数
  采用 k-d 树的划分方式,基于格网内点的重心进行点云划分,共划为 nc 份
  #pragma omp parallel for schedule(static)//进行并行计算,每一块数据对应一个核
  for(m = 0;m<nc;m++){
      for(i = 0;i<X 的元素个数; i++){
          if(x_i 没有被处理 ){
              if(|Nσ(x_i)|≥MinPts ){
                  建立新簇 C_i,标记 x_i 为已处理
                  建立代表点集 P
                  将 σ(x_i)内的所有未处理点加入到 C_i,并将这些点标记为已处理
                  调用代表点选取算法,选取代表点
                  将代表点加入代表点集 P
                  NP = 代表点集当前点个数
                  for(k = 0; k <NP;k++ ){
                      if(|Nσ(p_k)|≥MinPts){
                      将 σ(p_k)内的未处理点追加到 C_i,将这些点标记为已处理
                      调用代表点选取算法,选取代表点
                      将代表点追加到代表点集 P
                      NP = 代表点集当前点个数
                      }
                  }
              }
              else{
              将 x_i 归为噪声点,并标记为已处理
              }
```

```
            }
        }
    }
    调用簇的归并算法,将相邻簇进行合并
```

4. 重叠区分析与碎面过滤

碎面过滤耗时很低,不需要并行化处理。而对于古建筑点云的处理来说,由于聚类算法已经将点云分割为多个类别,因此无须对单个类别的重叠区分析进行并行计算改造,只需要将已有多个子类的重叠区分析交给不同 CPU 核计算即可。

```
输入:X 的初步聚类 C 及其对应的元素
输出:重叠区分析聚类及其对应的元素
    #pragma omp parallel for schedule(dynamic)//进行并行计算
    for(i = 0; i<C 的分类个数; i++){
        对 Ci 进行重叠区分析
    }
```

5. 基准面拟合与三角网构建

与重叠区分析相似,由于分割后形成了多个子类,基准面拟合与三角网构建本身不需要做并行计算改造,只需要将多个子类分别交给不同的中央处理器核计算即可。这里就不再进行罗列。

7.4 实验及分析

为验证并行化改造后的处理效率,本节对改造后的主要并行算法进行了实验及测试。本实验在主频为 1.2 GHz 的双核 CPU、内存为 1 GB、操作系统为 Windows 7 的笔记本电脑上完成。

表 7.1 是在双核环境下的 MultiGrid-KD 树构建算法并行优化前后的耗时统计。图 7.3 是对应的耗时分析。从相关图表中可以看出,在处理点数为 5 771 时,由于点数少,加上并行线程调用的开销,并行化的加速比并不高。随着点数的增加,加速比稳定在 1.67 附近。

表 7.1 MultiGrid-KD 树构建算法的耗时统计 单位:ms

点数/个	并行优化前耗时	并行优化后耗时	加速比
5 771	20	14	1.428 571 43
141 999	161	96	1.677 083 33
642 984	687	413	1.663 438 26

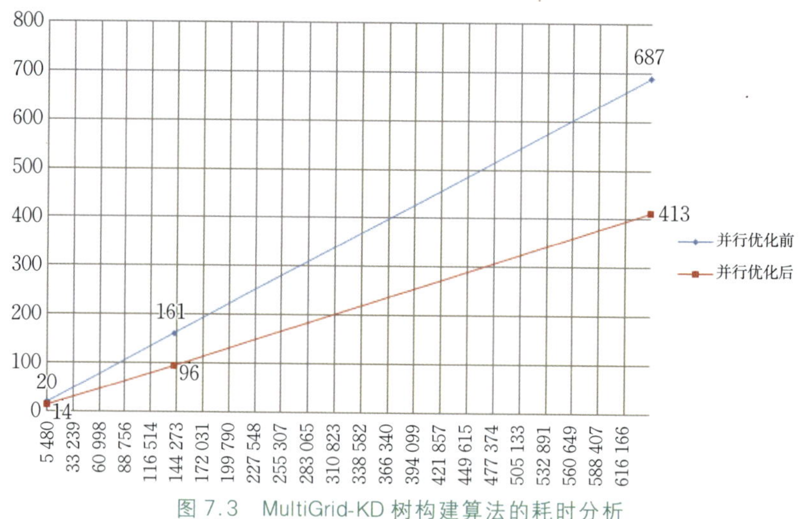

图 7.3　MultiGrid-KD 树构建算法的耗时分析

表 7.2 是法向量计算算法的并行优化前后的耗时统计，图 7.4 是对应的耗时分析。

表 7.2　法向量计算算法的耗时统计　　单位：ms

点数/个	并行优化前耗时	并行优化后耗时	加速比
5 771	101	62	1.629 032 258
141 999	3 454	2 059	1.677 513 356
642 984	41 685	24 961	1.670 005 208

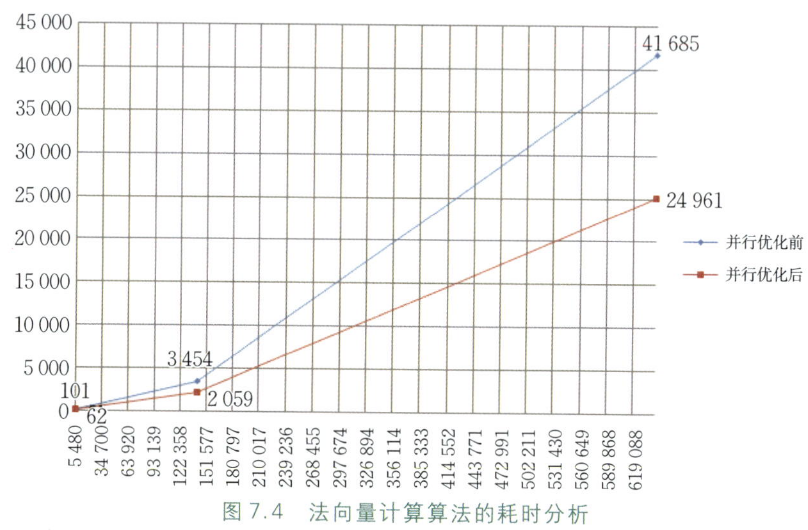

图 7.4　法向量计算算法的耗时分析

表 7.3 是平均曲率和高斯曲率计算算法的并行优化前后的耗时统计。图 7.5 是对应的耗时分析。

表 7.3　平均曲率和高斯曲率计算算法的耗时统计　　单位:ms

点数/个	并行优化前耗时	并行优化后耗时	加速比
5 771	171	104	1.644 230 769
141 999	5 850	3 497	1.672 862 454
642 984	70 606	42 021	1.680 255 111

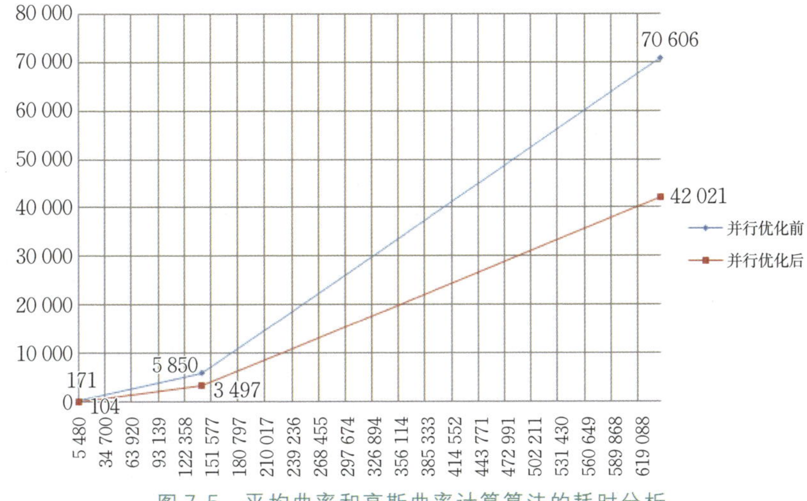

图 7.5　平均曲率和高斯曲率计算算法的耗时分析

表 7.4 是 AQ-DBSCAN 算法的并行优化前后的耗时统计。图 7.6 是对应的耗时分析。由于该算法过程没有全部并行化处理,因此加速比略有降低。

表 7.5 是重叠区分析算法的并行优化前后的耗时统计。图 7.7 是对应的耗时分析。重叠区分析算法的并行化是将每个类别子集的重叠区分析算法进行并行处理,由于实验数据中重叠区集中在一个大的类别子集中,因此并行化效果不明显。

表 7.4　AQ-DBSCAN 算法的耗时统计　　单位:ms

点数/个	并行优化前耗时	并行优化后耗时	加速比
5 771	101	65	1.553 846 154
141 999	2 513	1 498	1.677 570 093
642 984	12 074	7 238	1.668 140 370

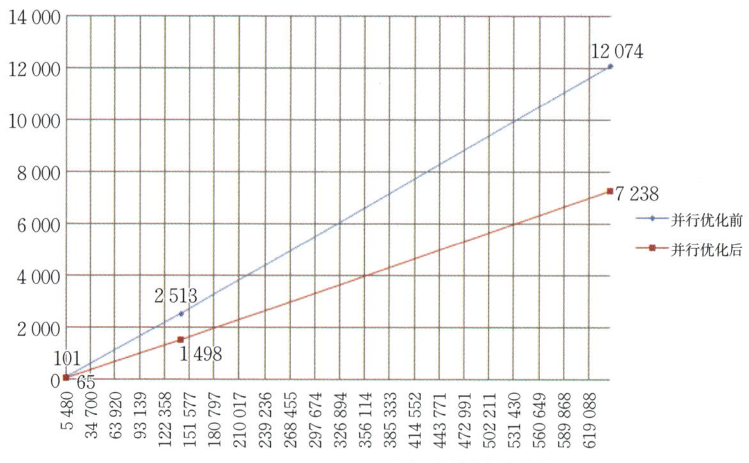

图 7.6　AQ-DBSCAN 算法的耗时分析

表 7.5　重叠区分析算法的耗时统计　　单位:ms

点数/个	并行优化前耗时	并行优化后耗时	加速比
5 771	1 597	1 378	1.158 925 98
141 999	29 367	23 491	1.250 138 351
642 984	161 130	144 531	1.114 847 334

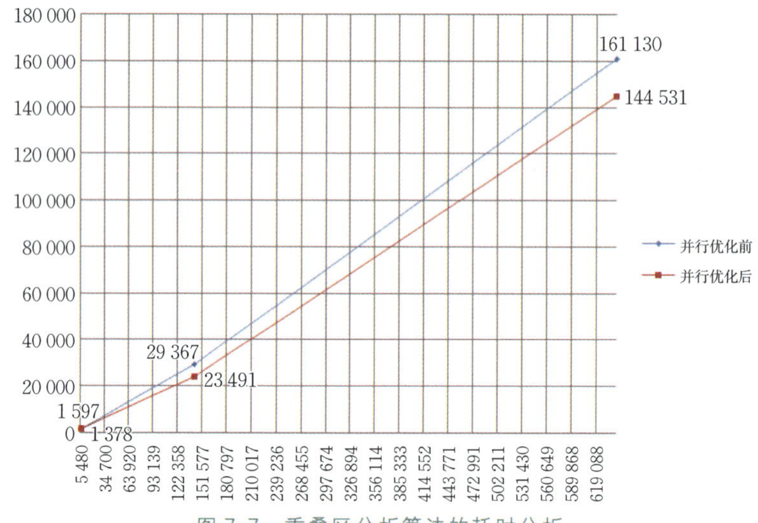

图 7.7　重叠区分析算法的耗时分析

对于三角网构建和特征拟合算法,同样一个类别子集内的拟合和三角网构建不做并行化处理,而是对多个类别子集进行并行化计算,算法耗时根据数据的不同变化很大,因此耗时分析就不在此进行罗列。

第 8 章　原型系统的设计与实现

当前,各种类型的三维激光扫描仪都配备了相应的点云数据处理软件,如 Leica 公司 Cyrax 的 Cyclone 软件、Rigel 公司 LMS-Z420 的 3D-RiSCAN 软件等,在逆向工程领域也有公司推出专业的点云处理和建模软件,如加拿大 Innovmetric 公司的 Polyworks、美国 EDS 公司出品的 Imageware 等。在古建筑保护领域,地面三维激光扫描仪获得的点云数据量往往相当庞大。另外,由于古建筑的不可移动性,测量的环境条件差,不仅难以针对建筑物所有结构进行完整的扫描,而且其测量数据中产生的各种噪声及粗差也很多。以上因素使得这些商业软件在点云处理尤其是数据分割和特征提取方面难以适用。

实际上,与传统领域的三维点云数据处理不同,古建筑的点云处理和三维重建具有其特殊性。首先,古建筑具有较大的空间尺寸,所需扫描的各部分构件多,点云数据处理的工作量十分庞大。其次,古建筑的不可移动性为针对各构件进行的完整测量造成困难,各构件的测量精度也随测量的局限性而受影响,从而最终导致点云数据的质量下降。最后,古建筑主要由柱、础、斗(枓)、拱(栱)、梁、瓦构成,与其他领域相比,古建筑大部分构件表面涉及的曲面种类较少,曲面的复杂度较低。

为解决以上问题,本章针对古建筑点云数据特点,基于前面各章节的理论和算法,结合计算机多核并行处理技术,设计了一套古建筑点云数据处理的原型软件框架,实现相关处理算法和功能,并利用故宫太和殿的扫描数据,对处理算法进行了验证。

8.1　原型系统设计

8.1.1　系统框架

古建筑点云数据处理原型系统(PC Building),基于 Visualization Toolkit 库(VTK)搭建,采用 OpenMP 实现算法的多核并行化处理,开发语言采用 VC++,运行平台支持 Windows XP 和 Windows 7 操作系统。具体技术架构如图 8.1 所示。

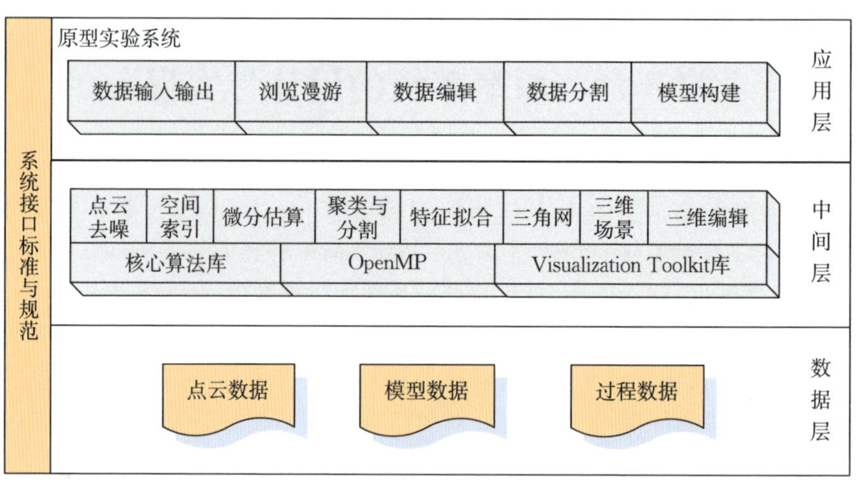

图 8.1　原型系统的体系结构

原型实验系统采用三层体系架构:数据层、中间层和应用层。其中,数据层包括系统处理的原始点云数据和系统处理时产生的模型数据与过程数据。中间层是系统的逻辑核心处理层,其中 Visualization Toolkit 库和核心算法库是中间层的核心算法和三维处理框架支撑,OpenMP 是多核并行化处理库;在其之上,实现点云去噪、空间索引、微分几何估算、聚类与分割、特征拟合、三角网构建、三维场景框架、三维编辑等点云综合处理算法。应用层系统的应用功能模块,包括数据输入输出、浏览漫游、数据编辑、数据分割与模型构建模块。其中,数据输入输出包括点云数据的导入、格式转换与成果数据的输出等;浏览漫游包括对三维场景的放大、缩小、旋转、拉近、离远等操作;数据编辑包括对象的选取、裁切、投影等功能;数据分割包括基于高斯映射的聚类、分割等功能;模型构建包括特征拟合、三角网构建等。

8.1.2 开发环境与工具

原型系统开发的环境与工具主要包括 VC++、OpenMP 和 Visualization Toolkit(VTK)。VC++是系统开发的语言平台;OpenMP 在并行计算优化中已经介绍,这里就不再复述;Visualization Toolkit(VTK)则主要用于三维的可视化及数据处理。

Visualization Toolkit(VTK)是一个跨平台的、开源的、能支持并行处理的三维可视化处理函数库。VTK 能用于海量三维数据的展示和处理,曾用于处理数据量接近 1 PB(petabyte)的数据。在 2005 年美国陆军研究实验室将 VTK 用于即时

模拟俄罗斯制反导弹战车 ZSU23-4 受到平面波攻击的场景，整个平台的计算节点高达 2.5 兆之多。

由 Prentice Hall 出版的书——《The Visualization Toolkit: An Object-Oriented Approach to 3D Graphics》给出的源代码附件是 VTK 的前身。由于其源代码开放，VTK 很快在该书上市后建立了其使用者及开发者的社群。同时，其他数据处理软件公司也开始提供对 VTK 的支持。随后 VTK 社群快速地成长，VTK 开发工具在学术研究及商业应用的领域也日益受到重视，其中 Slicer 生物医学计算软件就使用 VTK 作为其核心，许多讨论研究 VTK 的 IEEE 论文也相继发表。VTK 也被许多大型研究机构如 Los Alamosn、Sandia 及 Livermore 国家实验室等用作视觉化资料的基础处理工具。

VTK 是一个开源的，用于可视化应用程序构造与运行的支撑环境，它是在三维函数库 OpenGL 的基础上采用面向对象的设计方法发展起来的。VTK 采用 C++编写，提供三维数据的展示和基础处理算法，VTK 除支持 C++外，它还提供 Tcl/Tk、Java、Python 等众多二次开发接口，从而更为方便地支撑三维可视化系统的代码开发。

VTK 具有如下特点：

(1)强大的三维图形功能。VTK 同时提供基于 Voxel 的体绘制(volume rendering)模式和传统的面绘制模式，一方面极大地改善了可视化的效果，另一方面又可以充分利用现有的图形库和图形硬件。

(2) VTK 强健的体系结构提供了非常好的流(streaming)和高速缓存(caching)的能力，这使得 VTK 在海量数据处理时不必考虑内存资源的限制。

(3)支持基于网络的开发工具如 Java 、VRML 等。

(4)跨平台及设备无关性使得基于 VTK 开发的代码很容易移植。

(5)通过宏定义极大地简化了编程工作并且加强了一致的对象行为。

(6)数据类型丰富，支持对多种数据类型进行处理。

(7)提供对 Tcl/Tk、Java、Python 等众多二次开发语言的支持。

VTK 是一个面向对象的系统，主要由两个子系统组成：编译生成的 C++类库和支持 Java、Tcl、Python 语言的二次开发解释包。VTK 的数据处理采用流模型(pipeline)，如图 8.2 所示。图中箭头表示数据流向，其中 Data Object 为数据对象，Process Object 为处理对象，如包括 Source、Filter、Mapper 等。从 Mapper 流出的数据被系统映射为图形数据，它通过 Arctor 在视图中展示。

VTK 主要包括图形和可视化这两种模块。其中可视化模块负责建立数据结构的图形表达，图形模块负责将图形转化为可被屏幕显示的图像。VTK 使用数据流来实现转换数据信息为图形数据。实现途径有两个基础的对象类型：

vtkDataObject 和 vtkProcessObject。vtkDataObject 是数据对象，可以被看作是一个一般的 blob 数据，具有正式结构化的数据可以被认为是一个数据集(dataset)。VTK 通过 vtkProcessObject 来生成新的数据对象。vtkDataObject 是数据的存储对象，vtkProcessObject 是数据处理的执行者。两个对象连接在一起就组成了可视化处理流程。图 8.3 阐述了 VTK 的数据处理流程。

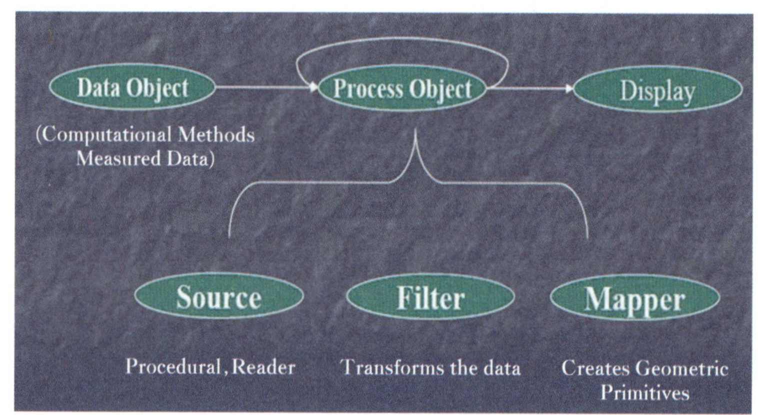

图 8.2 流模型

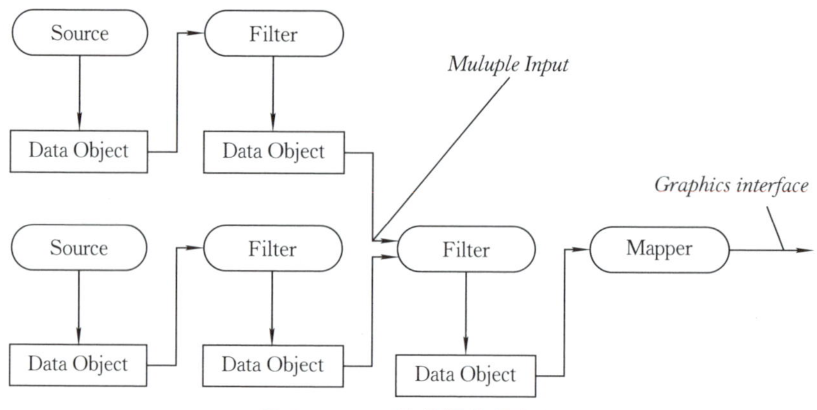

图 8.3 VTK 的数据处理流程

图形模块则主要由以下核心对象组成：vtkActor、vtkLight、vtkCamera、vtkProperty、vtkProperty2D、vtkMaper、vtkMapper2D、vtkTransform、vtkLookupTable、vtkColorTransferFunction、vtkRenderer、vtkRenderWindow、vtkRenderWindowInteractor。其中，vtkLight 用于表现和处理图形光线；vtkCamera 控制三维几何体如何在图像显示过程中被表现为二维的图形；vtkRenderer 和 vtkRenderWindow 是用于管理基于图形引擎和视窗系统中的接

口;一旦在图像处理窗口中绘制了图形对象,就有了与数据交互的机会。VTK 提供了多个方法来与图形交互,其中的一个对象是 vtkRenderWindowInteractor,这是一个操作 camera picking 对象的简单工具,调用用户定义方法,进入或退出立体视角,并且修改 Actor 的一些属性等;通过将这些对象组合到一起,就完成了对图形数据的图像化表达。

8.1.3 技术架构

原型系统采用 VC++开发平台,结合 VTK 和 OpenMP 基础库实现,结构复杂,接口繁多。如何规划设计技术体系架构,减少各模块间的耦合性,增加系统的可扩展性和可复用性,是原型系统设计技术设计的重点。

系统设计采用构件化设计思路。构件(component)是指一个能被复用的,定义了明确的接口的软体对象(接口规范或二进制代码)。构件的形式是一个逻辑紧密的程序代码包,有着良好的接口。如 C++的 class 和数据类型以及 Ada 的 Package、Smalltalk-8 都属于构件范畴。但是,一般的操作集合、过程、函数即使可以复用也不能成为一个构件。开发者开发新的应用系统可以通过组装已有的构件来实现,以达到软件复用的目的。软件构件化是软件复用的关键因素,也是软件复用技术研究的重点。采用构件化的技术体系结构设计思路,可以极大地提高系统的扩展性和复用性,也是不同体系模块融合开发的关键。原型系统的技术架构如图 8.4 所示。

原型系统基于 MFC 的 Doc-View 框架搭建应用系统,整个系统分为数据管理、视图管理、编辑工具构件库和处理命令构件库四个部分。在数据管理方面,通过封装 vtkObject 及其派生的数据对象,提供单个对象的管理,并建立数据集对象实现多数据对象管理。在此基础上,通过嵌入 CPCBuildingDoc,实现与 MFC 文档—视图结构的挂接。视图管理是整个系统的交互核心,CObjectView 封装了 VTK 的场景构件、文档构件、编辑工具构件库以及处理命令构件库的访问接口,并嵌入 CPCBuildingView 实现与 MFC 的对接。编辑工具构件库封装了系统所需的编辑工具,通过统一规范接口设计,实现工具的方便调用和扩展。处理命令构件库封装了各类点云处理算法,CCoreAlgorithm 在封装 VTK 的处理算法基础上,实现了光滑、去噪、投影变换、旋转、矩阵运算等基础处理算法。在此基础上,派生出各类点云处理命令构件,并通过统一的命令调用接口实现处理命令的扩展和调用。

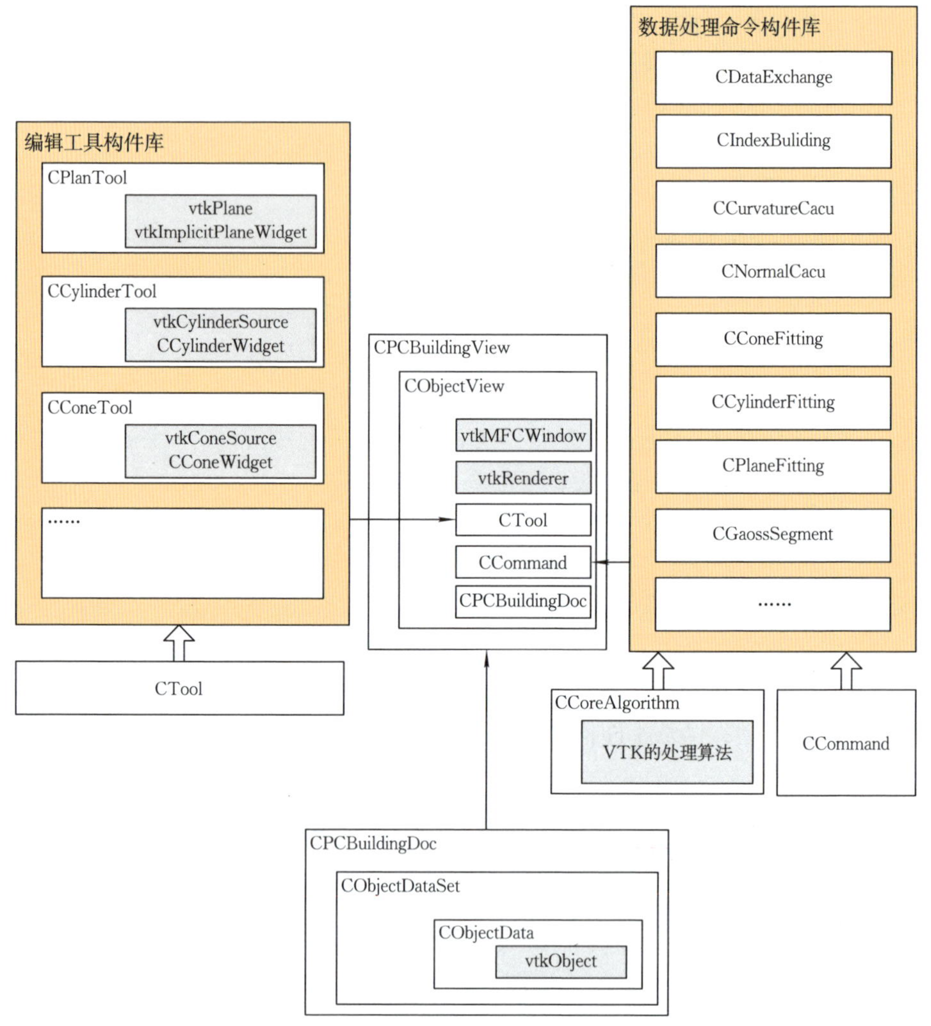

图 8.4　原型系统的软件技术架构

8.1.4　数据结构

原型系统封装了 VTK 的数据模型，在此基础上，扩展并构建自己的数据结构。主要数据类型包括：原始散乱点云数据、模型参数数据以及 VTK 空间数据。其中原始散乱点云数据是三维激光扫描仪扫描后形成的点云数据，主要以 xyz 及像素值的数组方式存储；模型参数数据是在运算处理中输入和返回的模型参数；VTK 空间数据则是 VTK 在进行数据处理过程中设计的多种数据结构。图 8.5 阐述了 VTK 支持的数据结构类型（William，2009）。

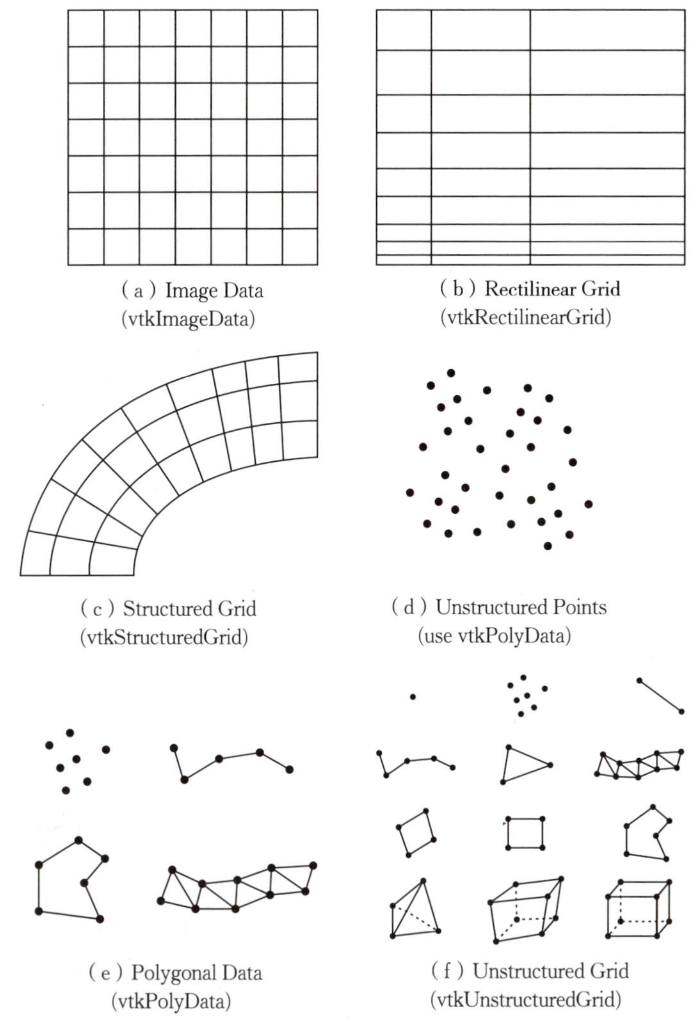

图 8.5 VTK 支持的数据模型

对多种数据模型进行统一管理和协调处理，是数据管理的重点。系统利用 CObjData 和 CObjDataSet 实现数据的统一管理。CObjData 提供对单个数据对象的管理，并通过设定数据类型统一规划数据结构。下面是原型系统的数据类型描述。

```
typedef enum ENUM_PCB_OBJECT_TYPE
{
    POT_Unknown = 0,
    POT_POLYDATA,                  // VTK 的 PolyData
```

```
    POT_PC,                        // 原始点云
    POT_DTIN,                      // TIN
    POT_MODEL,                     // 三维模型
    POT_Param                      // 参数
}EPCBObjectType;                   // 数据对象类型
```

CObjDataSet 是数据集的统一管理。采用链表方式实现多个数据对象的添加、删除、修改、存储和装载等。

8.1.5 处理流程

原型系统除提供基本的三维场景数据浏览和漫游外，还提供人机交互的数据编辑和自动化点云数据分割、基准面提取和三角网构建处理。系统处理流程如图 8.6 所示。

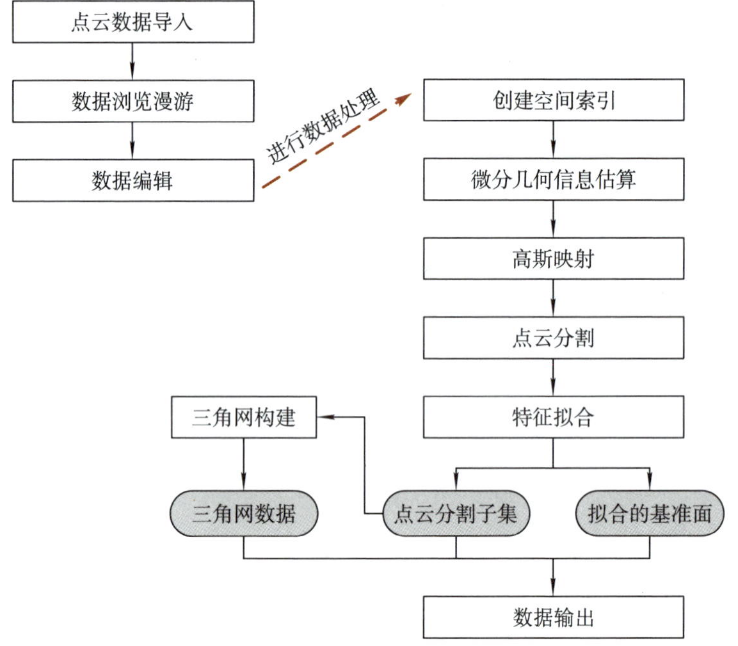

图 8.6 原型系统处理流程

图 8.6 中，地面激光扫描仪扫描的三维点云原始数据首先经数据导入模块导入系统中，可以进行浏览查看和人工编辑处理。然后进行数据处理流程，包括创建空间索引、微分几何信息估算、高斯映射、点云分割和特征拟合，形成的成果数据经数据输出以供应用。

8.2 功能模块与界面

原型系统实现古建筑点云数据的分割、三角网构建、基准面特征拟合等功能，其主界面如图 8.7 所示。

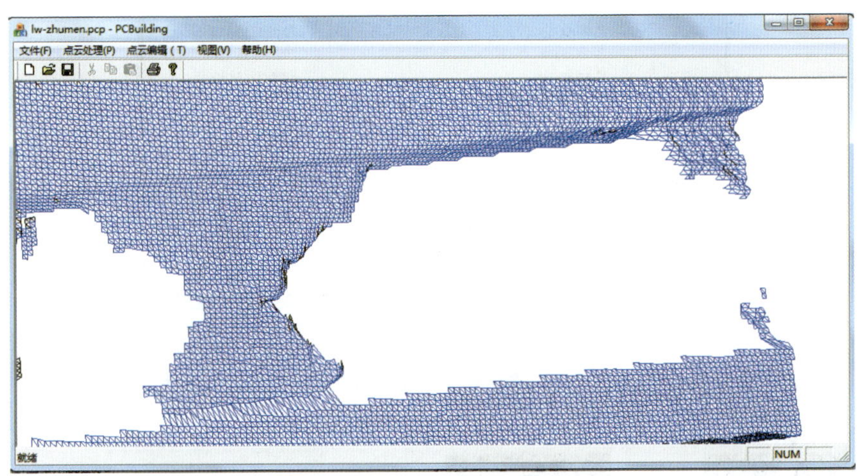

图 8.7 原型系统主界面

原型系统主要由输入输出模块、三维场景模块、数据编辑模块、数据预处理模块、数据分割模块、特征拟合模块和三角网构建模块等 7 个模块组成。图 8.8 阐述了系统的模块结构。

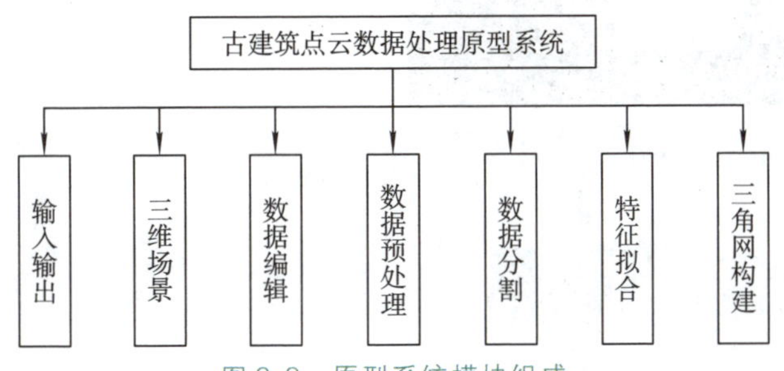

图 8.8 原型系统模块组成

输入输出模块，提供外部数据的导入和成果数据的转换输出，支持的文件格式包括 ptx、txt、xyz 等激光点云数据格式。图 8.9 是数据导入功能的功能界面。

三维场景模块，提供点云数据及其他模型对象的浏览、查看等功能，包括场景的视角改变、拉近、拉远、平移、旋转等浏览功能，以及对数据的 3 种展示模式：渲染模式、轮廓线模式和散点模式。图 8.10 展示了数据的 3 种展示模式。

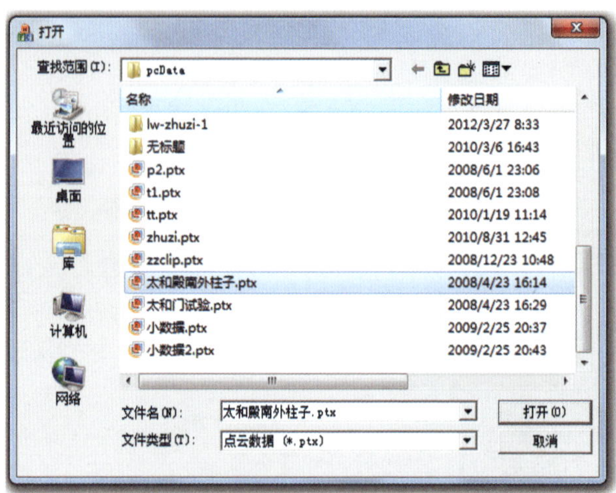

图 8.9　数据导入功能界面

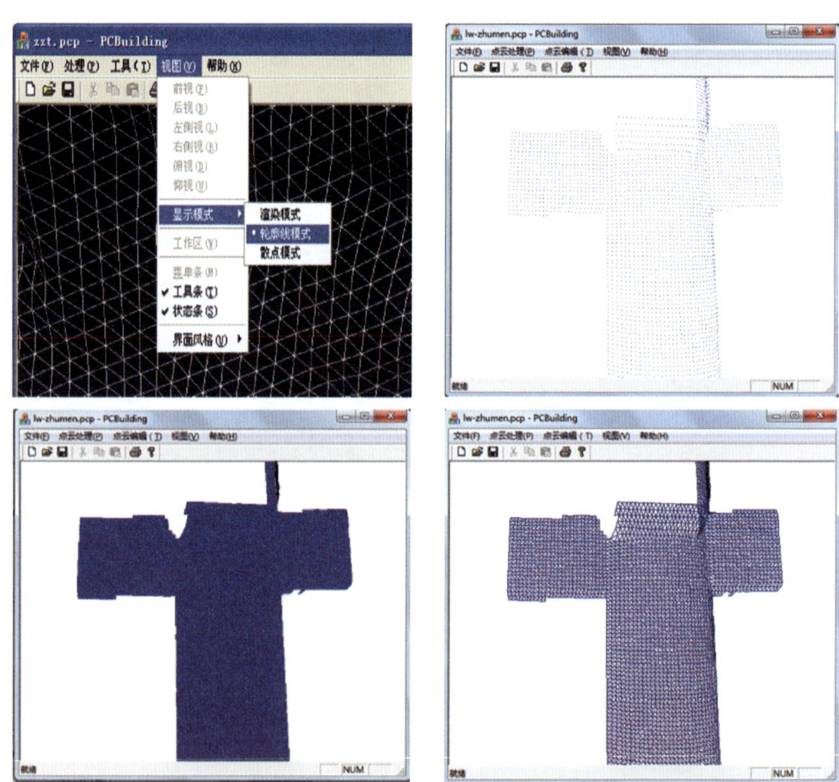

图 8.10　数据的 3 种展示模式

数据编辑模块，提供三维数据的交互式编辑工具，主要包括数据对象的选取，基于平面、柱面、锥面、球的数据裁切、投影，单个或批量点的删除等。图 8.11 展示了基于平面的数据裁切工具。

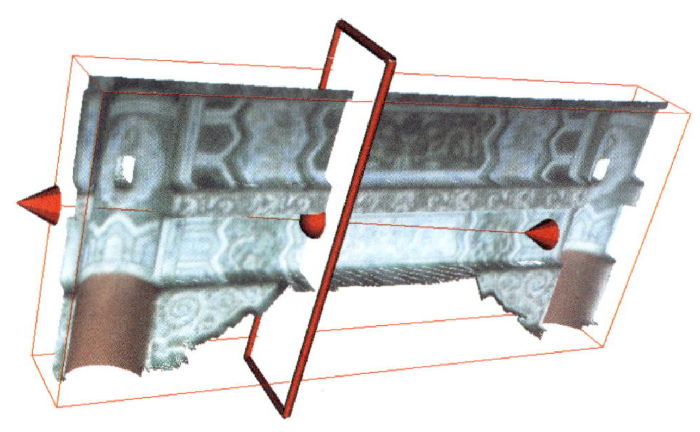

图 8.11 基于平面的数据裁切工具

数据预处理模块，实现点云数据的 k-d 树索引创建、法向量估算以及曲率估算等功能，为后期的数据分割、特征拟合提供支持。图 8.12 是平均曲率计算后，通过颜色展示平均曲率的变化。

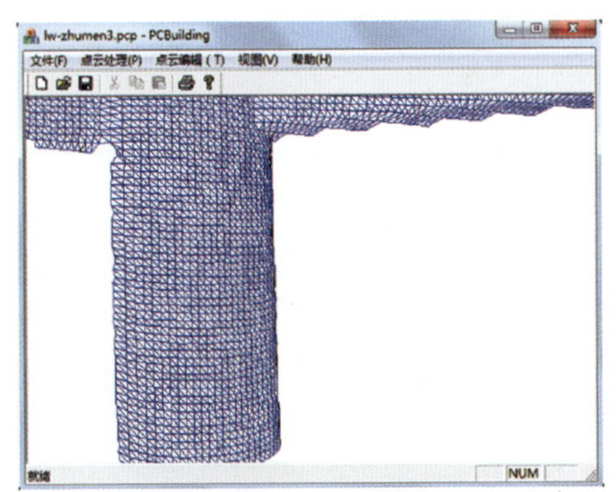

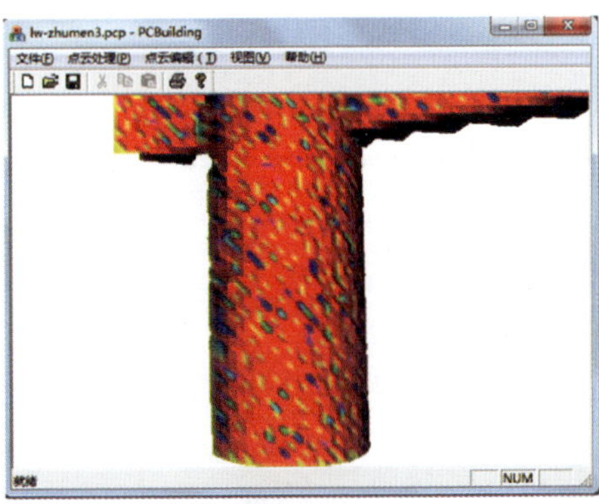

图 8.12 平均曲率计算后通过颜色表达其变化情况

数据分割模块，提供基于高斯映射的聚类分割和模糊 C 均值分割两种分割方法，实现数据的自动化分割。图 8.13 是高斯映射后的成果数据展示。

特征拟合模块，提供数据分割后的圆柱、平面和圆锥的几何特征拟合。图 8.14 是部分点云的圆柱拟合的效果，其中绿点是点云，蓝色是圆柱。

三角网构建模块，实现基于分治法和平面、柱面、锥面、球面投影的点云数据三角网创建。图 8.15 是门柱的三角网构建效果。

图 8.13　高斯聚类分割完成后的效果

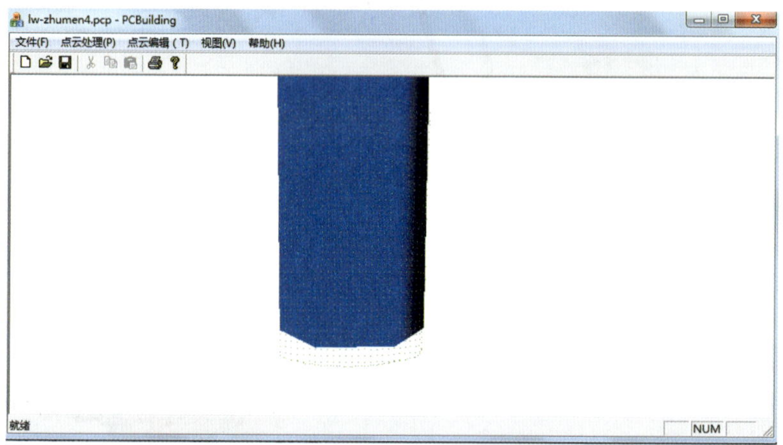

图 8.14　部分点云的圆柱拟合效果

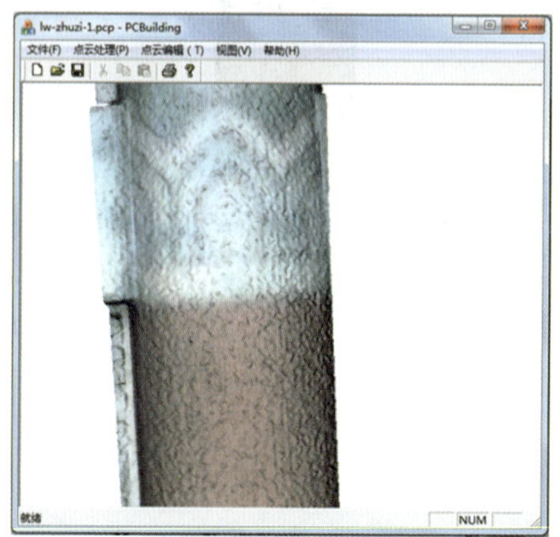

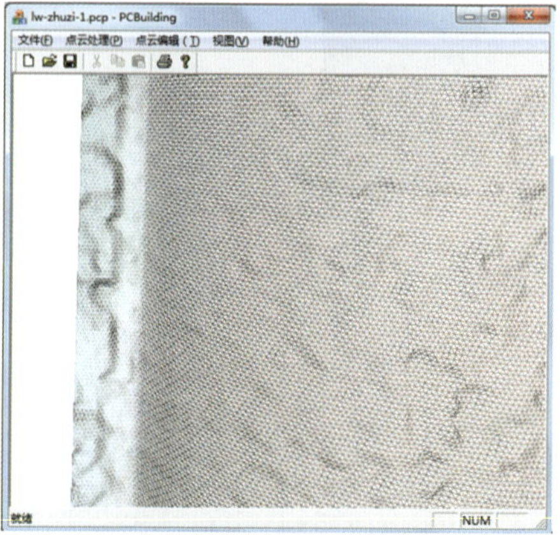

图 8.15　门柱的三角网构建效果

8.3 实验结果

数据分割、基准面拟合以及三角网构建算法的实体数据的实验验证已经在前面各章节进行了阐述，这里就不再进行说明。经过实验表明，该系统能够有效实现古建筑点云数据的自动分割、特征拟合和三角网构建，系统功能实用，操作方面对于海量数据的古建筑点云数据的处理具有很强的适应性。

第9章 结论与展望

9.1 研究结论

本书以地面激光雷达扫描获取的古建筑散乱点云为研究对象，提出了以平面、柱面、球面等规则几何面为基准面生成不规则三角网，深度图像来存储表达点云数据的整体解决思路。这一思路将三维问题简化为二维，大大降低存储、表达和处理三维点云数据的难度。研究了如何建立点云的高效索引，提出了一种新的MutiGrid-KD树索引及其最近邻搜索算法，提高了点云查询检索的效率。重点研究了如何自动分割散乱点云数据，提取平面、柱面等基准面。提出了一整套包括高斯映射、曲率映射、聚类分析、预定义模型等分割提取基准面的解决方案，能较好地克服古建筑点云数据量大、不光滑等问题，并且在分割的同时能够提取出点云特征，一体化完成点云的分割及拟合。另外，完成了基于基准面的不规则三角网自动构建以及基准面特征拟合。具体的研究内容和创新点主要包括：

(1)提出了一套有效的自动提取基准面的算法。该算法基于预定义模型及其可能的相互关系，结合高斯映射、曲率特征的聚类分析，在全局上对点云几何特征进行统计分析，区别干扰点和核心点；利用已知古建筑构件几何特征对核心点进行形状分析和特征提取，在此基础上结合面分割算法完成全部点云的基准面提取。整个算法采用自顶向下模式，有效融合空间域和高斯域的分割处理，不仅有较强的抗干扰性，而且自适应性较强，能够依据点云数据特点自动生成处理参数，并且可以在分割的同时获取曲面特征参数，一体化完成分割和特征拟合。

(2)针对古建筑点云数据的特点，提出了一种改进DBSCAN聚类算法——AQ-DBSCAN算法。该算法根据高斯球上各点 $MinPts$ 邻域的最小距离、最大距离及不同范围内的点数，最终自动获取空间球半径 σ 参数的取值，并且提出了相应的快速聚类的思路。这一思路克服了DBSCAN算法效率较低，需要通过人工选取来确定参数等问题，实现了快速密度聚类处理和参数自动估算。

(3)针对点云数据提出了一种新的快速索引方式——MultiGrid-KD树索引。该索引首先将点云数据按多级网格索引方式分成不同区域，然后在区域内建立k-d树。这一索引方式有效结合了网格索引及k-d树索引各自的优势，克服了常用于点云数据的八叉树以及k-d树的缺点。经实验证明，MultiGrid-KD树索引是一种高效的空间索引方式，为后续很多数据处理环节中涉及的高效邻域查询奠定基础。

(4)利用并行计算思想以及多核技术，基于 OpenMP 并行编程模型对本书提出的 MultiGrid-KD 树索引创建及最近邻查询算法、微分几何信息估算、AQ-DBSCAN 聚类等主要算法进行了并行计算优化，并对并行计算优化前后的效率进行了对比。

在上述理论基础上，基于 Visualization Toolkit 库(VTK)搭建，采用 OpenMP 实现算法的多核并行化处理，采用 VC++语言，开发了古建筑点云数据处理原型系统(PC Building)，系统主要由输入输出模块、三维场景模块、数据编辑模块、数据预处理模块、数据分割模块、特征拟合模块和三角网构建模块等 7 个模块组成。在此软件平台上结合故宫博物院的点云数据对本书提出的基准面提取、数据索引等算法进行了验证。

9.2 研究展望

古建筑点云数据的相关研究方兴未艾，鉴于古建筑点云数据的空间尺度大、数据噪声多、不可移动存在遮挡导致数据不完整等特点，使得点云数据处理更为困难。本书主要研究了点云基准面的提取，限于时间和篇幅，还有很多工作值得研究，主要内容包括：

(1)球面、圆环面等其他复杂参考面的自动提取。本书目前的算法对于平面、柱面等参考面可以较好地自动提取出来，但对于球面、圆环面等则囿于高斯映射的特点无法很好地区分，需要进一步研究。

(2)实现多分辨率基准面的自动提取。根据不同的精度需求，自适应调整参数，实现多尺度的基准面提取，为大场景多分辨率显示提供算法支持。目前已有学者研究平面的多分辨率提取，但圆柱还鲜有研究。

(3)如何有效结合图像、色彩等信息提高基准面提取的准确性可以做适当探讨，对现有算法作为补充。

参考文献

程效军，施贵刚，王峰，2009.点云配准误差传播规律的研究[J].同济大学学报(自然科学版)，37(12)：1668-1672.

程章林，张晓鹏，2009. 基于法向拟合的微分几何量估计[J]. 中国科学，39(1)：72-84.

伏玉琛，郭薇，周洞汝，2003. 空间索引的混合树结构研究[J]. 计算机工程与应用，39(17)：41-42.

龚健雅，2004.当代地理信息技术[M].北京：科学出版社.

龚俊，朱庆，章汉武，等，2011. 基于 R 树索引的三维场景细节层次自适应控制方法[J]. 测绘学报，40 (4)：531-534.

官云兰，程效军，施贵刚，2008.一种稳健的点云数据平面拟合方法[J].同济大学学报(自然科学版)，36(7)：981-984.

郭明，2011. 海量精细空间数据管理技术研究[D].武汉：武汉大学.

李玉敏，2008. 地面激光雷达数据的精确配准和去冗[D].北京：北京建筑大学.

廖丽琼，白俊松，罗德安，2012. 基于八叉树及 KD 树的混合型点云数据存储结构[J].计算机系统应用，21(3)：87-90.

路明月，何永健，2008. 三维海量点云数据的组织与索引方法[J].地球信息科学，10(2)：190-194.

史文中，吴立新，李清泉，等，2007.三维空间信息系统模型与算法[M].北京：电子工业出版社.

孙晓鹏，李华，2005. 三维网格模型的分割及应用技术综述[J]. 计算机辅助设计与图形学学报，17(8)：1647-1655.

王晏民，2002. 多比例尺 GIS 数量空间数据组织研究[D]. 武汉：武汉大学.

王晏民，豁辉，王国利，等，2011.地面激光雷达技术在白居寺吉祥多门塔变形分析中的应用[J].北京建筑工程学院学报，27(4)：11-15.

危双丰，2007.基于深度图像的地面激光雷达数据的组织与管理研究[D].武汉：武汉大学.

夏宇，朱欣焰，李德仁，2006. 空间信息多级网格索引技术研究[J].地理空间信息，4(6)：7-10.

肖春霞，冯结青，缪永伟，等，2005.基于 Level Set 方法的点采样曲面测地线计算及区域分解[J].计算机学报，28(2)：250-258.

周水庚，周傲英，曹晶，等，2000. 一种基于密度的快速聚类算法[J]. 计算机研究与发展，37(11)：1287-1292.

郑德华，2005. 三维激光扫描数据处理的理论与方法[D]. 上海：同济大学.

郑坤，朱良峰，吴信才，等，2006.3D GIS 空间索引技术研究[J].地理与地理信息科学，22(4)：35-39.

ABDELHAFIZ A，RIEDEL B，NIEMEIER W，2005. Towards a 3D true colored space by the fusion of laser scanner point cloud and digital photos [J]. Remote Sensing and Spatial Information Sciences，2(26).

ABMAYR T，HARTL F，METTENLEITER M，et al，2004. Realistic 3D reconstruction-combining laser scan data with RGB color information international archives of photogrammetry[J]. Remote Sensing and Spatial Information Sciences,549.

AKCA D,2005. Registration of point clouds using range and intensity information[C]/ / The International Workshop on Recording, Modeling and Visualization of Cultural Heritage. Ascona: Taylor & Francis/Balkema,Leiden: 115-126.

AMENTA N, BERN M, KAMVYSSELIS M, 1998. A new Voronoi-based surface reconstruction algorithm[C]// Siggraph Conference. Orlando:Siggraph: 415-421.

ANDREETTO M, BRUSCO N, CORTELAZZO G M, 2004. Automatic 3-D Modeling of Textured Cultural Heritage Objects[J]. IEEE Transactions on Image Processing, 13(3):354-369.

BARBER D, MILLS J,SMITH V S, 2007. Geometric validation of a ground-based mobile laser scanning system[J]. ISPRS Journal of Photogrammetry and Remote Sensing, 63(1):128-141.

BEHL A,PASCHALIDOU D,DONNÉ,et al,2018. Point flow net:Learning representations for 3D scene flow estimation from point clouds[EB/OL]. http://arxiv. org/abs/1806. 02170v1.

BENTLEY J L, 1975. Multidimensional binary search trees used for associative searching[J]. Communications of the ACM,18(9):509.

BERGEVIN R, SOUCY M, GAGNON H, et al, 1996. Toward a general multi-view registration technique[J]. IEEE Transactions on Pattern Analysis and Machine Intelligence,18(5):1-547.

BESL P J,MCKAY N D,1992. A method for registration of 3-D shapes[J]. IEEE Transactions on Pattern Analysis and Machine Intelligence,14(2):239-256.

BOISSONNAT J D, 1984. Geometric structures for three-dimensional shape representation[J]. ACM Transactions on Graphics, 3(4):266-286.

BOULCH A,GUERRY J,SAUX B L,et al,2017. SnapNet: 3D point cloud semantic labeling with 2D deep segmentation networks[J]. Computers & Graphics, 71:189-198.

BOWYER A, 1981. Computing dirichlet tessellations[J]. The Computer Journal, 24(2): 162-166.

BRASSEL K E, REIF D, 1979. A procedure to generate thiessen polygons[J]. Geographical Analysis, 11(3):289-303.

BRETAR F,ROUX M,2005. Hybrid image segmentation using LiDAR 3D planar primitives[J]. International Archives of Photogrammetry, Remote Sensing and Spatial Information Sciences, 36(3):232.

CLINE A K, RENKA R L, 1984. A storage-efficient method for construction of a thiessen triangulation[J]. Rocky Mountain Journal of Mathematics, 14(1):119-139.

CHOI B K, SHIN H Y,YOON Y I,et al,1988. Triangulation of scattered data in 3D space [J]. Computer-Aided Design,20(5):239-248.

CORTES C,VAPNIK V,1995. Support-vector networks[J]. Machine Learning, 20(3):273-297.

DANIEL M, SEBASTIAN S,2015. VoxNet: A 3D convolutional neural network for real-time object recognition[C]//Proceedings of 2015 IEEE/RSJ International Conference on Intelligent Robots and Systems. Hamburg:IEEE:922-928.

DAVIS J, MARSCHNER S R, GARR M, et al, 2002. Filling holes in complex surfaces using volumetric diffusion [C]//First International Symposium on 3D Data Processing, Visualization, and Transmission. Washington: IEEE.

DESBRUN M, MEYER M, SCHRODER P, et al, 1999. Implicit fairing of irregular meshes using diffusion and curvature Flow[J]. Computer Graphics, 3(7): 317-324.

DESBRUN M, MEYER M, SCHRODER P, 2000. Anisotropic feature-preserving denoising of height fields and bivariate data[C]//Proceeding of the 9th International Meshing Roundtable. New Orleans: Graphics Interface: 145-152.

DWYER R A, 1987. A faster divide-and-conquer algorithm for constructing Delaunay triangulations [J]. Algorithmica, 2: 137-151.

EDELSBRUNNER H, 1995. The union of balls and its dual shape [J]. Discrete & Computational Geometry, 13(1): 415-440.

ELBERINK S J, VOSSELAMAN M G, 2006. Adding the third dimension to a topographic database using airborne laser scanner data[J]. International Archives of Photogrammetry, Remote Sensing and Spatial Information Sciences, 1(3): 92-97.

ESTER M, KRIEGEL H P, SANDER J, et al, 1996. A density-based algorithm for discovering clusters in large spatial databases with noise [C]//Proceedings of the 2nd International Conference on Knowledge Discovery and Data Mining. Portland: AAAI Press: 2226-2231.

FELIX J L, MARTIN D, PATRIK T, et al, 2017. Deep projective 3D semantic segmentation[J]. Computer Analysis of Images and Patterns, 10: 95-107.

FILIN S, 2002. Surface clustering from airborne laser scanning data[J]. International Archives of Photogrammetry and Remote Sensing and Spatial Information Sciences, 32(A): 119-124.

FINKEL R A, BENTLEY J L, 1974. Quad trees: A data structure for retrieval on composite keys[J]. Acta Informatica, 4(1): 1-9.

FLOATER M S, REIMERS M, 2001. Meshless parameterization and surface reconstruction[J]. Computer Aided Geometric Design, 18(2): 77-92.

GARLAND M, HECKBERT P S, 1997. Surface simplification using quadric error metrics [C]//Proceeding of SIGGRAPH. Vancouver: SIGGRAPH: 209-216.

GODIN G, BOULANGER P, 1995. Range image registration through viewpoint invariant computation of curvature [C]//International Archives of Photogrammetry and Remote Sensing, Zurich, Switerland. Zurich: IRPRS.

GOLDFEATHER J, INTERRANTE V, 2004. A novel cubic-order algorithm for approximating principal direction vectors[J]. ACM Transactions on Graphics, 23(1): 45-63.

GREEN P J, SIBSON R, 1978. Computing dirichlet tessellations in the plane [J]. The Computer Journal, 21(2): 168-173.

GUEHRING J, 2002. Reliable 3D surface acquisition, registration and validation using statistical error models[C]// Proceedings of the 3th International Conference on 3-D Digital Imaging and Modeling. Quebec: IEEE.

GUTTMAN A, 1984. R-trees: A dynamic index structure for spatial searching[C]//Proceedings of the ACM SIGMOD International Conference on Management of Data. New York: ACM: 47-57.

HACKEL T, SAVINOV N, LADICKY L, et al, 2017. Semantic3D. net: A new large-scale point cloud classification benchmark[J]. The ISPRS Annals of the Photogrammetry, Remote Sensing and Spatial Information Sciences, 5: 91-98.

HAWKINS S, HE H, WILLIAMS G, 2002. Outlier detection using replicator neural networks [C]// Proceedings of the 4th International Conference on Data Warehousing and Knowledge Discovery. Berlin: Springer.

HAYKIN S, KOSKO B, 2009. Gradient based learning applied to document recognition[M]. New Jersey : Wiley-IEEE Press.

HINTON G E, SALAKHUTDINOV R R, 2006. Reducing the dimensionality of data with neural networks[J]. Science, 313: 504-507.

HOFMANN D A, MAAS H G, STREILEIN A, 2002. Knowledge-based building detection based on laser scanner data and topographic map information [J]. International Archives of Photogrammetry, Remote Sensing and Spatial Information Sciences, 34 (3A): 169-174.

HOPPE H, DEROSE T, DUCHAMP T, et al, 1992. Surface reconstruction from unorganized points[J]. Computer Graphics, 26(2): 71-76.

HUANG J, YOU S Y, 2016. Point cloud labeling using 3D convolutional neural network[C]// Proceedings of International Conference on Pattern Recognition. Cancun: IEEE.

HUNTER G M, 1978. Efficient computation and data structure for graphics[D]. Princeton: Princeton University.

JIANG M, WU Y, LU C, 2018. PointSIFT: A SIFT-like network module for 3D point cloud semantic segmentation[EB/OL]. http: arxiv. org/abs/1807. 00652.

JUN Y, 2005. A piecewise hole filling algorithm in reverse engineering[J]. Computer-Aided Design, 37(2): 263-270.

KASE K, MAKINOUCHI A, NAKAGAWA T, 1999. Shape error evaluation method of free-form surfaces[J]. Computer-Aided Design, 31(8): 495-505.

KLOKOV R, LEMPITSKY V, 2017. Escape from Cells: Deep kd-networks for the recognition of 3D point cloud models [C]//2017 IEEE. International Conference on Computer Vision. Venice: IEEE.

KRIZHEVSKY A, SUTSKEVER I, HINTON G E, 2012. ImageNet classification with deep convolutional neural networks[C]//International Conference on Neural Information Processing Systems. Lake Tahoe: NIPS.

LAWSON C L, 1977. Software for C1, surface interpolation method [J]. Mathematcal Software, 3: 161-194.

LECUN Y, BOSER B, DENKER J S, et al, 1990. Handwritten digit recognition with a back-propagation network[J]. Advances in Neural Information Processing Systems, 2(2): 396-404.

LECUN Y, BOTTOU L, BENGIO Y, et al, 1998. Gradient-based learning applied to document recognition[J]. Proceedings of the IEEE, 86(11): 2278-2324.

LEE D T, SCHACHTER B J, 1980. Two algorithms for constructing a Delaunay triangulation [J]. International Journal of Computer and Information Science, 9(3): 219-242.

LEE I K, 2000. Curve reconstruction from unorganized points[J]. Computer Aided Geometric Design, 17(2): 161-177.

LEVOY M, PULLI K, CURLESS B, et al, 2000. The digital michelangelo project: 3D scanning of large statues[C]// Proceeding of SIGGRAPH 2000. Vancouver: SIGGRAPH: 131-144.

LEWIS B A, ROBINSON J S, 1978. Triangulation of planar regions with applications[J]. The Computer Journal, 21(4): 324-332.

LI Y, SU H, QI C R, 2015. Joint embeddings of shapes and images via CNN image purification [J]. ACM Transactions on Graphics, 34(6): 1-12.

LIU J, SHEN J, ZHAO R, 2006. Extraction of individual tree crowns from airborne LiDAR data in human settlements[J]. Mathematical and Computer Modelling, 58(3-4): 524-535.

LONG J, SHELHAMER E, DARRELL T, 2014. Fully convolutional networks for semantic segmentation [J]. IEEE Transactions on Pattern Analysis&Machine Intelligence, 39 (4): 640-651.

LUKÁCS G, MARTIN R R, MARSHALL D, 1998. Faithful least-squares fitting of spheres, cylinders, cones, and tori for reliable segmentation[C]//European Conference on Computer Vision. Heidelberg: Springer.

MCCULLOCH W S, PITTS W, 1943. A logical calculus of the ideas immancet in nervous activity[J]. Bulletin of Mathematical Biophysics, 5(4): 115-133.

OVERBY J, BODUM L, KJEMS E, et al, 2004. Automatic 3d building reconstruction from airborne laser scanning and cadastral data using hough transform[J]. International Archives of Photogrammetry, Remote Sensing and Spatial Information Sciences, 1(B3): 82-85.

OVERVELD C W A M V, EINDHOVEN B W T, 1997. An algorithm for polygon subdivision based on vertex normals[C]// Conference on Computer Graphics International. Washington: IEEE Computer Society: 3-12.

PASCUCCI V, SCORZELLI G, BREMER P T, et al, 2007. Robust on-line computation of Reeb graphs: simplicity and speed [J]. ACM Transactions on Graphics, 26 (3): 1-9.

PENG J, KIM C S, KUO C C J, 2005. Technologies for 3D mesh compression: A survey[J]. Journal of Visual Communication and Image Representation, 16(6): 688-733.

PFEIFER N, KLEITER G D, 2005. Towards a mental probability logic [J]. Psychologica Belgica, 45(1): 71-100.

PU S, VOSSELMAN G, 2006. Automatic extraction of building features from terrestrial laser scanning[J]. IAPRS, 9: 25-27.

PU S, VOSSELMAN G, 2009, Knowledge based reconstruction of building models from terrestrial laser scanning data[J]. ISPRS Journal of Photogrammetry and Remote Sensing, 64 (6): 575-584.

QI C. R, SU H, NIEBNER M, et al, 2016. Volumetric and multi-view cnns for object classification on 3D data [C]//Proceedings of Computer Vision and Pattern Recognition (CVPR). Las

Vegas: IEEE.

RABBANI T, 2006. Automatic reconstruction of industrial installations using point clouds and images [J]. Software & Systems Modeling, 11(4):467-470.

RABBANI T, HEUVEL F A, VOSSELMAN M G, 2006. Segmentation of point clouds using smoothness constraints[J]. International Archives of Photogrammetry, Remote Sensing and Spatial Information Sciences, 1(5):248-253.

RIEGLER G, ULUSOYS A O, GEIGER A, 2016. OctNet: Learning deep 3D representations at high resolutions[J]. IEEE Computer Society, 1:6620-6629.

ROGGERO M, 2002. Object segmentation with region growing and principal component analysis[J]. Pediatric Allergy & Immunology, 12(2):59-64.

RONNEBERGER O, FISCHER P, BROX T, 2015. U-Net: convolutional networks for biomedical image segmentation[C]//International Conference on Medical Image Computing &Computer Assisted Intervention. Munich: MICCAI.

ROSENBLATT F, 1986. The perceptron: A probabilistic model for information storage and organization in the brain[J]. Psychological Review, 65(6):386-408.

ROYNARD X, DESCHAUD J E, GOULETTE F, et al, 2018. Classification of point cloud scenes with multiscale voxel deep network[EB/OL]. http://arxiv. org/abs/1804. 03583.

RUMELHART D E, MCCLELLAND J L, 1986. Parallel distributed processing: Explorations in the microstructure of cognition[J]. Language, 63(4):45-76.

RUSINKIEWIEZ S, LEVOY M, 2001. Efficient variants of the ICP algorithm [C]// Proceedings of the 3rd International Conference on 3D Digital Imaging and Modeling. Washington: IEEE Computer Society: 145-152.

SCHAWLOW A L, TOWNES C H, 1958. Infrared and optical masers[J]. Physical Review, 112(6):1940-1949.

SCHINDLER K, BAUER J, 2003. A model-based method for building reconstruction[C]// IEEE International Workshop on Higher-level Knowledge in 3d Modeling & Motion Analysis. Washington: IEEE.

SCHNABEL R, WAHL R, KLEIN R, 2007a. Efficient RANSAC for point-cloud shape detection[J]. Computer Graphics Forum, 26(2): 214-226.

SCHNABEL R, WAHL R, KLEIN R, 2007b. Shape detection in point clouds[J]. Computer Graphics Technical Report.

SCHNABEL R, WAHL R, KLEIN R, 2007c. Plane fitting and transformation in laser scanning [J]. Journal of Geomatics Science and Technology, 29(2):101-104.

SCHROEDER W J, ZARGE J A, LORENSEN W E, 1992. Decimation of triangle meshes[J]. ACM Siggraph Computer Graphics, 26(2):65-70.

SHAMOS M I, HOEY D. Closest-point problems [C]//Proceedings of the 16th Annual Symposium on Foundations of Computer Science. New York: IEEE Computer Society: 151-162.

SHARP G C, LEE S W, WEHE D K, 2002. ICP registration using invariant features[J]. IEEE

Transactions PAMI,24,(1):90-102.

SIMONYAN K, ZISSERMAN A, 2014. Very deep convolutional networks for large-Scale image recognition[EB/OL]. https://arxiv. org/abs/1409. 1556v2.

SITHOLE G, 2005. Segmentation and classification of airborne laser scanner data[D]. Delft: Technical University of Delft.

SU H,MAJI S,KALOGERAKIS E,et al,2015. Multi-view convolutional neural networks for 3D shape recognition[C]//Proceedings of International Conference on Computer Vision. Santiago :ICCV.

SZEGEDY C,LIU N W,JIA N Y,et al,2015. Going deeper with convolutions[C]// IEEE Conference on Computer Vision and Pattern Recognition (CVPR). Washington: IEEE Computer Society.

TAUBIN G, 1995. Estimating the tensor of curvature of a surface from a polyhedral approximation[C]// Proceedings of IEEE International Conference on Computer Vision,June 1995. Washington:IEEE Computer Society.

TCHAPMI L,CHOY C B P,ARMENI I,et al,2017. SEGCloud: Semantic segmentation of 3D point clouds[C]//International Conference on 3D Vision(3DV). Qingdao:IEEE.

TURK G, LEVOY M, 1994. Zippered polygon meshes from range images[C]//Proceedings of the 21st Annual Conference on Computer Graphics and Interactive Techiques,SIGGRAPH. Orlando:ACM.

VANCO M, BRUNNETT G, 2004. Direct segmentation of algebraic models for reverse engineering[J]. Computing, 72(1-2):207-220.

VOSSELMAN G,GORTE B G,RABBANI S T,et al,2004. Recognising structure in laser scanner point clouds[J]. International Archives of Photogrammetry,Remote Sensing and Spatial Information Sciences,46(8):33-38.

WANG L,HUANG Y,SHAN J,et al,2018. MSNet: Multi-scale convolutional network for point cloud classification[J]. Remote Sensing,10(4):612.

WANG J,OLIVEIRA M M, 2002. Improved scene reconstruction from range images[J]. Computer Graphics Forum, 21(3):521-530.

WATSON D F, 1981. Computing the N-Dimensional Delaunay tessellation with application to Vorono polytopes[J]. The Computer Journal, 24(2):167-172.

WILLIAM J S,2009. VTK user's guide[EB/OL]. http://vtk. org/vtk-users-guide/.

YAMAZAKI I, NATARAJAN V, BAI Z, et al,2006. Segmenting point sets[C]//IEEE International Conference on Shape Modeling and Applications. Washington: IEEE.